实用农村环境保护知识丛书

动物无害化处理与资源化利用技术

曹伟华　章伟建　赵由才　乔德友　编著

U0313846

北　京

冶 金 工 业 出 版 社

2018

内 容 提 要

本书内容主要包括动物无害化技术概述，焚烧工艺原理及技术，化制工艺原理及技术和其他处理技术，环境保护管理和安全卫生与运行管理，动物无害化工程实例。

本书可供农业、养殖单位从事动物无害化处理的工程技术人员和相关部门的管理人员等阅读，也可供大专院校有关师生参考。

图书在版编目（CIP）数据

动物无害化处理与资源化利用技术/曹伟华等编著 . —北京：冶金工业出版社，2018.1

（实用农村环境保护知识丛书）

ISBN 978-7-5024-7675-5

Ⅰ.①动… Ⅱ.①曹… Ⅲ.①动物—尸体—处理—无污染工艺 Ⅳ.①S851.2

中国版本图书馆 CIP 数据核字（2017）第 306850 号

出 版 人 谭学余
地　　址 北京市东城区嵩祝院北巷 39 号　邮编　100009　电话　(010)64027926
网　　址 www.cnmip.com.cn　电子信箱　yjcbs@cnmip.com.cn
责任编辑 杨盈园 美术编辑 杨 帆 版式设计 孙跃红
责任校对 郑 娟 责任印制 牛晓波
ISBN 978-7-5024-7675-5
冶金工业出版社出版发行；各地新华书店经销；三河市双峰印刷装订有限公司印刷
2018 年 1 月第 1 版，2018 年 1 月第 1 次印刷
169mm×239mm；11.5 印张；223 千字；173 页
44.00 元
冶金工业出版社　投稿电话　(010)64027932　投稿信箱　tougao@cnmip.com.cn
冶金工业出版社营销中心　电话　(010)64044283　传真　(010)64027893
冶金书店　地址　北京市东四西大街 46 号(100010)　电话　(010)65289081(兼传真)
冶金工业出版社天猫旗舰店　yjgycbs.tmall.com

（本书如有印装质量问题，本社营销中心负责退换）

前　言

根据 2016 年农业部、国家发展改革委员会、财政部、住房和城乡建设部、环境保护部、科学技术部发文《关于推进农业废弃物资源化利用试点的方案》，主要聚焦畜禽粪污、病死畜禽、农作物秸秆、废旧农膜及废弃农药包装物等五类废弃物，以就地消纳、能量循环、综合利用为主线，进行农业废弃物资源化利用的有效治理。

动物无害化处理作为动物疫病防控的终端环节和重要组成部分，无论是满足畜牧业日常生产还是应急突发性疫情的需要，都是必不可少的一环。

病死动物无害化处理工作是政府公共服务的重要组成部分，是保障卫生防疫安全、动物源性食品安全、社会公共安全以及生态环境安全的民生工程。它主要围绕收集、暂存、处理等关键环节，促进无害化处理。健全完善病死畜禽收集暂存体系，建设专业化病死畜禽无害化处理中心，配备相应的收集、运输、暂存和冷藏设施以及无害化处理设施设备。有条件的地方探索开展副产品深加工，生产工业油脂、有机肥、无机炭等产品，进行资源化利用。

近年来，为了畜牧业可持续发展，各地逐步开展了动物无害化处理设施的集中建设。如上海、浙江等地率先开展了动物焚烧、湿化处理工程建设。

为便于各种动物无害化处理技术在国内的推广，我们撰写出版了本书，以全面、系统介绍有关动物无害化处理技术。

本书讲述了动物无害化处理各种适用技术的基本原理，全面完整地描述了动物无害化处理的基础理论知识、各种工艺原理、工艺流程、设备及其适用范围、系统设计、运行及环保问题，重点总结和介绍了当前主要的动物无害化处理技术应用实例。本书内容主要包括以下几方面：（1）动物无害化技术概述；（2）焚烧工艺原理及技术；（3）化制工艺原理及技术；（4）其他处理技术；（5）环境保护管理；（6）安全卫生与运行管理；（7）动物无害化工程实例。

本书力求内容完整，重点突出，从动物无害化处理各种工艺技术基本理论知识出发，重点突出主流的焚烧、化制等处理工程的设计、运行等。本书既有系统性，又有实用性，将结合实际项目案例，供读者参考。

本书作为实用农村环境保护知识丛书之一，主要适合于大、中专院校师生，农业、养殖单位从事动物无害化处理的工程技术人员和相关部门的管理人员等阅读和参考。

本书由曹伟华、章伟建、赵由才、乔德友编著。参加编写的人员有：曹伟华、赵由才（第一章），曹伟华、陈思（第二章），陈振东、姜中孝（第三章），曹伟华、陈思（第四章），戴小冬、俞士洵（第五章），章伟建、张云伟（第六章），章伟建、赵宗亭、蔡衍龙（第七章）。

在本书编写过程中，得到上海市政工程设计研究总院及上海市动物无害化处理中心的大力支持，在此表示感谢！

书中引用了一些文献的数据和图表，其出处已在本书的参考文献中列出。由于作者水平所限，书中不妥之处，恳请读者原谅，也请读者批评指正。

作　者

2017 年 9 月

目　　录

动物无害化处理概述

1.1 动物无害化处理技术的规范、标准、管理要求

几千年来，我国作为一个农业大国，畜牧业发展一直较繁荣，在畜牧业发展的过程中，不可避免地会产生病死动物，而病死动物的无害化处理是现代畜牧业养殖的重要一环。

安全、环保是农业发展的基础，也是病死动物处置的重要前提和目的。动物尸体滋生病菌，有些甚至带有传染病；容易腐败，产生臭气，不及时处理会污染环境。为了农业和农村的发展，人民生命的安全，动物安全环保的可靠处置就显得非常重要。

动物无害化处理是农业和农村发展过程中一直在做的事情，但具体如何做，有什么实用的技术，才能做到安全环保处理，正是本章要回答的问题。

1.1.1 动物无害化处理概念

1.1.1.1 病死动物尸体及相关动物产品

病死动物尸体是指病死的家畜家禽和人工饲养、合法捕获的其他动物；相关动物产品是指动物的肉、生皮、原毛、绒、脏器、脂、血液、精液、卵、胚胎、骨、蹄、头、角、筋以及可能传播动物疫病的奶、蛋等。

动物无害化处理的物料来源，按收集体系，分为体系内的各畜禽养殖场和体系外的社会各界。

养殖场的动物无害化处理物料包括正常死亡动物和突发性死亡动物、扑杀的畜禽，还包括牛、猪、羊、家禽、宠物等。

除了体系内的农业部门外，病死动物还来自海关、工商、公安等其他部门。

（1）畜牧兽医部门包括：养殖场、市境道口、动物留验场、宠物诊疗单位、屠宰场。

（2）园林绿化部门，动物园、野生动物园、公园。

（3）出入境检验检疫部门包括：海关、机场、码头拦截不符合入境要求的动物。

（4）市场管理部门包括：农贸市场、超市不合格动物及其产品。

（5）公安部门包括：无证犬、猫。

（6）科、教、卫等部门包括：医院、制药企业、大专院校科研机构产生的不属于医疗废物的实验动物。

（7）其他，包括：饲养宠物的单位、家庭、个人等。

1.1.1.2　无害化处理

病死动物尸体及相关动物产品的无害化处理，是指用物理、化学等方法处理病死动物尸体及相关动物产品，消灭其所携带的病原体以及消除动物尸体危害的过程。

动物无害化主要有焚烧、化制、掩埋、发酵、化学处理等几种方法，通过处理，达到无害化的目的。

无害化处理是畜牧养殖业的重要一环。无害化处理可以就地处置，也可以集中在无害化处理中心处置。近年来，由于各级政府及社会各界的重视，各地均按照国务院办公厅的意见和农业部的试点推进要求，抓紧建设动物无害化集中处理场所。就地处置适合于规模较大的标准化养殖场，为了避免疫病的交叉传播，在养殖场的下风向处规划一定面积的场所，自行建设无害化处理设施设备，处理本场的病死畜禽。当然，一些交通不太方便的偏远地区养殖场，也会选择就地处理。动物无害化集中处理具备可靠的处理工艺、较大的处理能力、完善的安全消毒卫生设施和环境保护设施，是今后发展的趋势。尤其是在应对重大动物疫情和突发性事件时，需要在短时间内很快将染病的畜禽动物或动物产品，经扑杀、消毒处理后，用专用的动物防疫袋或容器包装，使尸体与外界隔绝，再由专用运输车辆输送至末端的动物无害化处理中心集中处置。

1.1.1.3　资源化利用

资源化利用是指将废物直接作为原料进行利用或者对废物进行再生利用。资源化是循环经济的重要内容。

废物资源化是采用各种工程技术方法和管理措施，从废弃物中回收有用的物质和能源，也是废物利用的宏观称谓。近30多年来，随着人类社会的发展，废弃物不断增加，资源不断减少，废弃物的资源化已经为人们所关注。在经济发达国家，这方面的研究和生产取得了明显的经济和环境效益。

针对动物尸体和动物产品而言，在无害化处理的前提下，将其含有的油脂、热值等视为一种资源，通过工程技术措施，转化为新的资源和能源。比如焚烧产生的热量可以产生蒸汽，可以作为二次能源，就是一种资源化的途径。

1.1.2　动物无害化处理的必要性

当前，养殖业因正常死亡的病死动物产量巨大，爆发流行性疫情时候则更无法统计。加上意外死亡的数量，导致每年的经济损失巨大。据调查，养殖业平均动物死亡率见表1-1。

表1-1　养殖业平均动物死亡率

动物	死亡率/%
猪	8～12
牛	2～5
羊	7～9
家禽	12～20

面对如此众多的病死动物，必须进行恰当的无害化处理。2013年3月曝光的黄浦江死猪漂流事件，2017年9月曝光的湖州市病死动物不规范掩埋事件，还有多次的禽流感事件，无不提醒人们和社会对动物无害化处理的重视。

1.1.2.1　不恰当处理存在的风险

（1）卫生防疫风险。近年来，高致病性禽流感、口蹄疫、猪瘟和高致病性猪蓝耳病等重大动物疫病在国内不断发生，造成大批畜禽死亡，给畜牧业生产带来重大损失。有些动物疫病的发生，由于其致死率较高，传染性较强，席卷了我国大部分地区，成为导致生猪生产严重下滑，猪肉市场供应紧张，猪肉价格持续大幅上升的主要原因之一，甚至引起了党中央、国务院的高度重视。

当前，我国重大动物疫病防控工作中最为突出的问题之一就是病死畜禽及其产品的集中无害化处理。病死畜禽如果得不到及时处置或处置不当，极易成为传染源，而引发疫情的扩散和蔓延。

（2）产品和社会安全风险。动物疫病不仅危害畜牧业生产，而且越来越危害人类的生命和健康安全。据资料介绍，目前已知的200多种动物传染病和150多种寄生虫病中，至少有200多种可以传染给人类。另外，近几年我国人感染狂犬病病例呈大幅增加态势，位居法定报告传染病病死数量前列。2013年3月底在上海等地率先发现H7N9型禽流感，它是一种新型禽流感，是全球首次发现的新亚型流感病毒，严重危害着人民的身体健康和生命安全。

另外，在畜禽饲养、屠宰、加工和销售等环节依然存在病害畜禽及其产品无害化处理不彻底、不规范现象，个别饲养场、非法屠宰点或屠工、屠商为了逃避病害生猪及猪肉的无害化处理，甚至暗地将病死生猪屠宰上市或以低价出售给非法商贩，最终流入市场，给畜产品质量安全和疫病防控工作带来极大隐患。

（3）环境保护风险。传统上，病死畜禽基本上都以土埋方式进行处理。但一部分养殖户缺乏法律意识，有相当一部分动物尸体被直接抛尸野外，即使做到深埋处理，也不符合无害化处理规程，而会引起二次污染。有可见些地方至今尚未建立完善的动物无害化收集设施、处理设施。

有些地方近年来尽管有动物无害化处理设施，但由于投资不高，建设水平相对较低，环保处理设施与工艺相对落后。尽管在环保设施改造上加大投入，不断完善，但由于受场地限制级先天设计缺陷等原因，不仅在装卸及输送过程中产生臭味，而且在收集处理高峰时动物尸体腐烂造成的臭味、焚烧不充分产生的焦味，仍不同程度地影响了周边环境。这些设施急需进行改造。

（4）社会稳定风险。某些无害化设置选址不恰当，工艺不规范，引起了当地居民、周边房地产项目与学校等敏感点的反应，影响社会稳定。

1.1.2.2 无害化处理的必要性

病死动物无害化处理工作是政府公共服务的重要组成部分，是保障卫生防疫安全、动物源性食品安全、社会公共安全以及生态环境安全的民生工程。

（1）提高动物疫病防控水平，保障畜牧业生产稳定的需要。病死动物产量巨大。据国家统计局发布数据，2014 年生猪出栏量约 7.35 亿头，按目前业内普遍认可的死亡率（自然死亡）10% 左右推算，每年约产生超过 7 千万具生猪尸体，约合 200 万吨左右的废弃物。

病死动物的无害化处理是现代畜牧业养殖的重要一环。近年来除了常规的病死动物外，不断出现了高致病性禽流感、口蹄疫、猪瘟和高致病性猪蓝耳病等重大动物疫病，病死动物如果处置不当，极易成为传染源，而引发疫情的扩散和蔓延。

通过实行病死畜禽无害化处理，可以截断动物疫病的传播途径，有效控制疫情，防止疫病蔓延，有利于畜牧业生产的恢复和健康发展。因此，为提高本市突发重大动物疫情的应急处理能力，强化动物疫病防控水平，必须进一步加强病死动物无害化处理设施建设。

（2）确保动物产品安全，保障人民身体健康和生命安全的需要。动物疫病不仅危害畜牧业生产，而且越来越危害人类的生命和健康安全。只有建立和完善病死畜禽无害化处理系统，加大病死畜禽无害化处理的监管力度，才能切实保障猪肉食品安全，有效防止病死猪肉流入市场危害人民身体健康，确保人民群众吃上"放心肉"。

建立病死禽畜无害化处理的长效机制，可以通过"政府补贴+保险联动"的财政机制，"统一收集+集中处理"的运行模式，科学可靠推进病死猪无害化处理，杜绝病死猪乱抛、乱扔和非法贩卖病死猪的现象。这有助于有效地控制动物疫病的传播，净化畜禽养殖环境和人类居住环境，降低病死猪进入食品加工、生产环节的风险。

（3）保护生态环境，维护城市形象，促进社会和谐稳定的需要。目前，病死动物仍存在不符合无害化处理规程的处置，会引起污染水体和土壤、产生臭气等对环境的二次污染。如 2013 年 3 月，上海黄浦江上游水域出现大量死猪漂浮后，更让社会各界认识到集中工业化处理病死动物的重要性。因此，进一步加强和完善病死畜禽无害化处理设施是提升各地重大动物疫病防控整体水平的必然要求，是应对社会公共卫生突发事件的应急需要，是建设生态型城市，构建社会主义和谐社会的迫切需要，更是贯彻落实《中华人民共和国动物防疫法》等有关法律法规的具体要求。

（4）城市规划发展的需要。随着城市规模的扩大，畜牧养殖业的扩大，很多城市都设置了病死动物无害化处理中心。由于选址的困难，很多城市都把无害化处理中心纳入城市废物末端处置基地或者静脉产业园中建设，做到污染控制、管理统一。动物无害化处理建设是城市规划发展重要的环境保护，保障民生的基础设施之一。是落实城市规划建设目标的重要组成。

因此，各地开展动物无害化处理工程建设，将有效提升病死动物无害化处理能力不足的现状，提高动物疫病防控整体水平，保障畜牧业生产稳定发展，保障人民身心健康和生命安全，提高环境卫生水平和人民生活质量，改善区域的生态环境，促进社会稳定，建设可持续发展的综合环境具有重要的作用。

1.1.2.3　资源化利用的意义

2016 年 8 月 11 日，农业部、发展改革委、财政部、住房和城乡建设部、环境保护部、科学技术部联合发布了《关于推进农业废弃物资源化利用试点的方案》，主要聚焦畜禽粪污、病死畜禽、农作物秸秆、废旧农膜及废弃农药包装物等五类废弃物，以就地消纳、能量循环、综合利用为主线，进行农业废弃物资源化利用的有效治理。

农业废弃物资源化利用是农村环境治理的重要内容。据估算，全国每年产生畜禽粪污 38 亿吨，综合利用率不到 60%；每年生猪病死淘汰量约 6000 万头，集中的专业无害化处理比例不高；每年产生秸秆近 9 亿吨，未利用的约 2 亿吨；每年使用农膜 200 多万吨，当季回收率不足 2/3。这些未实现资源化利用无害化处理的农业废弃物量大面广、乱堆乱放、随意焚烧，给城乡生态环境造成了严重影响。开展农业废弃物资源化利用试点工作，是贯彻中央有关"推进种养业废弃物资源化利用"等决策部署的具体行动，是解决农村环境脏乱差、建设美丽宜居乡村的关键环节，也是应对经济新常态、促进投资稳增长的积极举措。

农业废弃物资源化利用是农业健康和可持续发展的必然，病死动物作为农业废弃物的一部分，在集约化和规模化养殖之后，病死动物的资源化利用程度和方式关系到养殖业和相关产业的健康发展。

众所周知，除去病菌病毒外，病死动物机体的主要成分包括水分、有机物质和矿物元素，而这些物质均属资源和能源物料。从资源化角度，如何进行更加合理有效地进行处理和资源再利用，是关系到维护生态环境、保护人类健康、平衡经济和社会效益的关键所在。

病死畜禽将围绕收集、暂存、处理等关键环节，促进无害化处理。健全完善病死畜禽收集暂存体系，建设专业化病死畜禽无害化处理中心，配备相应收集、运输、暂存和冷藏设施，以及无害化处理设施设备。有条件的地方探索开展副产品深加工，生产工业油脂、有机肥、无机炭等产品。

动物资源化必须以无害化作为前提，资源化除了深埋等传统处理方式外，近年来流行的焚烧、碳化、湿法化制、干法化制等都属于资源化利用的一种。资源化利用必须确保资源化产品的安全性，如生物炭、有机肥料、骨粉以及油料等，应该进行安全性检测，确保其中残留的重金属和抗生素含量不超标。因此，资源化还需要各部门、科研机构、企业进一步研究和探讨。

1.1.3　动物无害化处理的标准和规范

1.1.3.1　标准分类

标准与规范是工程建设和管理领域，尤其在可行性研究、初步设计和施工图设计必须遵循的设计准则，应根据具体工程内容和特性严格执行。过分高于标准与规范的要求将造成不必要的浪费；低于标准与规范的要求将造成工程的不安全或性能低下，不应采纳。

我国的标准分为国家标准、行业标准、地方标准和企业标准4级。

（1）国家标准是指对需要在全国范围内统一的或国家需要控制的技术要求所制定的标准，用 GB 和 GB/T 表示，GB/T 中的 T 是推荐的意思，编号从 5 万开始的为工程建设国家标准，国标中的黑体字标注的条文为强制性条文，必须严格执行。

（2）行业标准是指对需要在全国某个行业范围内统一的技术要求所制定的标准，如住房和城乡建设部城建标准 CJ，农业行业标准 NY 等，行业标准中也有强制性条文和推荐性条文。

（3）地方标准是指对需要在省、自治区、直辖市范围内统一的技术要求制定的标准，如上海市标准 DB 等。

（4）企业标准是指对需要在某个企业范围需要统一的事项所制定的标准，用 QB 表示等。

工程建设过程中常用的"标准"、"规范"、"规程"等技术文件，是标准的不同表现形式。

1.1.3.2　动物无害化处理主要的标准规范及管理文件

（1）国家标准：如《病害动物和病害动物产品生物安全处理规程》（GB16548—2006），该标准侧重于屠宰环节和实验室安全处理角度。

（2）行业标准：目前动物无害化处理方面尚无行业标准。

（3）规范性文件：如农业部2017年7月3日发布了新版《病死及病害动物无害化处理技术规范》（农医发〔2017〕25号）。

新版《规范》适用的范围是：国家规定的染疫动物及其产品、病死或者死因不明的动物尸体，屠宰前确认的病害动物、屠宰过程中经检疫或肉品品质检验确认为不可食用的动物产品，以及其他应当进行无害化处理的动物及动物产品。新版《规范》规定了病死及病害动物和相关动物产品无害化处理的技术工艺和操作注意事项，规定了无害化处理过程中病死及病害动物和相关动物产品的包装、暂存、转运、人员防护和记录等要求。新版《规范》详细介绍了焚烧法、化制法、高温法、深埋法、化学处理法（包含硫酸分解法和化学消毒法）等5种处理方法，并对其相关适用对象和操作工艺等事项作了明确说明。

（4）地方标准：如上海市质量技术监督局发布的《动物无害化集中处理场所通用技术规范》（DB31/T 821—2014）、《动物无害化收集转运技术规范》（DB31/T 1004—2016）。

（5）相关设备标准：如《病害畜禽及产品焚烧设备》（SB/T 10571—2010），规定了相关焚烧设备的具体要求。

1.2　动物无害化处理特点及建设要求

1.2.1　处理对象特点

1.2.1.1　类型众多

作为无害化处理工程建设管理的第一步是摸清处理对象，了解处理对象特点。

根据前述，动物无害化处理对象不仅仅是畜牧养殖业的病死动物，还包括社会上其他动物及动物产品，这其中，就表明动物无害化处理的对象是复杂多样的。

尽管动物处理是一个广泛的概念，但实际上养殖业的病死动物目前仍占据主要部分。养殖业包含猪、牛、羊、兔、禽类等常见畜禽，各地的养殖主业差异较大，但从数量上来说，猪仍占主要部分。

以上海市动物无害化处理中心为例，中心每年接收的物料中生猪占70%左右，社会产品占25%左右，其他牛、马、禽、犬类物料总量为5%左右。而且社会产品的量呈现上述趋势。

由于处理对象类型众多，给无害化处理增加了难度。在进行无害化处理中心的建设过程中，必须要充分调研处理对象，以便于针对性的进行项目设计。

处理对象调研主要包括处理对象的类型、数量，及近年来的变化趋势。对象类型决定了其无害化工艺差异，数量及变化趋势目的是确定建设规模，规模大小同样也影响到工艺路线选择，比如处理量太小的情况下焚烧处理就非常不经济等。

1.2.1.2　理化性质多样

动物畜禽理化性质主要用于具体的工艺选择及设计，是工艺设计基础条件之一。病死动物尸体主要由三部分组成，肉质、骨骼以及水分。通常而言，动物畜禽的主要组成成分为蛋白质、脂肪、水和无机盐等，由于畜禽类型不同，其成分组成会有一定的变化，所占比例大致为：蛋白质约占10%，脂肪约占20%，体液和无机盐约占70%，平均低位热值约为1500～2000kcal/kg（1kcal＝4.1868kJ，下同）。

在多种动物畜禽混合以后，典型的元素成分见表1-2。

表1-2　畜禽动物尸体元素成分表

名　称	符号	单位	数值
碳	Car	%	15.38
氢	Har	%	4.62
氧	Oar	%	10.65
氮	Nar	%	2.88
硫	Sar	%	0.10
氯	Clar	%	0.02
水	War	%	62.50
灰	Aar	%	3.85
低位发热值	Qy	kcal/kg	1910

1.2.1.3　处理量变化分析

影响动物处理量的因素很多，一方面是人口和经济增长带动动物及产品需求量的增加，另一方面，科技进步导致动物病死率减低、产业调整可能影响到动物及产品产生量的增加。因此，动物处理量与人口和经济增长率、科技管理水平、产业发展规划等很多因素有关。

通过调研分析近年来的处理量的变化，结合规划发展要求，以确定处理规模。处理量的变化，主要有以下两种方法：

（1）拟合预测法。根据历史数据拟合出动物处理量的变化曲线，然后根据曲线进行预测。该法需要较多的历史数据，可以线性预测，也可以非线性预测。

（2）产污系数法，也即病死率法。由于病死动物与养殖规模有较密切的关系，如生猪养殖的病死动物率约10%左右，因此，可以根据养殖规模，利用产污系数进行预测。

在方法应用过程中，还必须结合各地的实际发展水平。主要包括：

（1）规划发展情况。各地规划中，对规范畜禽养殖行为的整治，将畜禽养殖量控制在一个相对稳定的区间，影响规划的处理量。

（2）收集处理率。随着政府对生猪无害化处理补贴政策的落实以及商业保险的日趋完善，养殖户主动送缴病死畜禽的主动积极性。

政府的监管力度，包括对收集体系的不断完善，对养殖环节病死畜禽的收集率覆盖水平，是否能做到100%收集处置。

（3）监管和管理水平。除了动物及产品外，随着市民对食品安全问题的广泛关注和相关部门对食品行业的监督查处力度，会导致社会性动物产品量将逐年提升。

1.2.2　无害化处理工程建设要求

动物处理的要求是达到无害化，在无害化的基础上尽可能资源化，同时在处理过程中降低二次污染等环境风险，做好卫生防疫控制管理和安全管理。根据《动物防疫条件审查办法》（中华人民共和国农业部令2010年第7号），针对选址、平面布局、工艺设备、运行管理等提出要求。

1.2.2.1　选址特点

无害化处理场所选址非常重要，随着城市建设的扩张，选址越来越困难，选址矛盾也日益突出。通常，选址应遵循以下原则：

根据《动物防疫条件审查办法》（农业部2010年第7号令），动物和动物产品无害化处理场所选址应当符合下列条件：

（1）距离动物养殖场、养殖小区、种畜禽场、动物屠宰加工场所、动物隔离场所、动物诊疗场所、动物和动物产品集贸市场、生活饮用水源地3000m以上。

（2）距离城镇居民区、文化教育科研等人口集中区域及公路、铁路等主要交通干线500m以上。

根据《动物动物无害化集中处理场所通用技术规范》（DB31/T 821—2014），

动物和动物产品无害化处理场所选址应当符合下列条件：

（1）应符合上海市农业布局规划、土地利用总体规划、城乡一体化发展规划和环境保护规划要求。

（2）禁止在自然保护区、风景名胜区、水源保护区和其他需特别保护的区域建设。

（3）应位于居民区及公共建筑群常年主导风向的下风向处。

（4）应距离动物养殖场、养殖小区、种畜禽场、动物屠宰加工场所、动物隔离场所、动物诊疗场所、动物和动物产品集贸市场、生活饮用水源地 3000m 以上。

（5）应距离城镇居民区、文化教育科研等人口集中区域及公路、铁路等主要交通干线 500m 以上。

此外，工程选址应满足以下条件：

（1）应符合城市总体规划、城市环境卫生专业规划的要求以及国家现行有关标准的规定和要求。

（2）应满足城市环境保护和城市景观要求，并应减少其运行时产生的废气、废水、废渣等污染物对城市的影响；符合城市建设项目环境影响评价的要求。

（3）远离居住区，征地拆迁费用低。

（4）交通便利，易接既有快速道路，以缩短新建进场道路费用。

（5）有可靠的电力供应、供水水源及污水排放系统。

（6）应具备满足工程建设的工程地质条件和水文地质条件。

（7）尽量选择在非环境敏感地区，并能建设一定的防护隔离带，能有效控制对周边环境的影响。

1.2.2.2　布局特点

动物和动物产品无害化处理场所布局应当符合下列条件：

（1）场区周围建有围墙。

（2）场区出入口处设置与门同宽，长 4m、深 0.3m 以上的消毒池，并设有单独的人员消毒通道。

（3）无害化处理区与生活办公区分开，并有隔离设施。

（4）无害化处理区内设置染疫动物扑杀间、无害化处理间、冷库等。

（5）生产车间入口处设置人员更衣室，出口处设置消毒室。

从防疫安全角度考虑，建议按下列要求布局：

（1）场区与外界应设防疫缓冲区，距离不少于 20m，四周应设围墙，高度不低于 3m。

（2）人员、车辆进出通道应分别设置。

（3）场内布局应科学合理，一般分为办公生活区、生产区、实验区、防疫缓冲区。

1）办公生活区应位于生产区上风处。

2）生产区按处理工艺流程分为处理区、物料卸货与存放区、车辆冲洗消毒区及设备维修区等区域。存放区应配置相应的冷库。

3）办公生活区、实验区与生产区之间应设立防疫缓冲区，主体建筑间距离不少于20m并设立隔离消毒设施与自然屏障。

1.2.2.3 工艺配置特点

（1）工艺主体设备应满足相关规范要求，做到彻底灭菌，无害化处理，尽可能资源化利用。

（2）配置机动消毒设备，应急冷藏（冻）库设备。

（3）动物扑杀间、无害化处理间等配备相应规模的无害化处理、污水污物处理设施设备。

（4）配置臭气治理设备。

（5）有运输动物和动物产品的专用密闭车辆。

1.2.2.4 运行管理特点

动物和动物产品无害化处理场所运行管理是最重要的，是动物防疫中非常重要的环节。应当建立病害动物和动物产品入场登记、消毒、无害化处理后的物品流向登记、人员防护等制度。加强日常运营管理科学性，加强运输转运的安全性保障，做好应急预案等。

1.3 国内外处理技术进展

1.3.1 国内主要处理技术

随着近些年来各地政府对动物防疫的重视，各地都相继开展制定了病死动物无害化处理工作规划，明确建设病死动物无害化处理场所，作为重大动物疫病防控和无规定疫病区建设的重大抓手。

近几年，随着各地病死畜禽收集体系的不断完善，收集力度的不断加大，接收处理量每年以20%~30%的幅度增加，处理压力日益加大。全国各地掀起了一波建设动物无害化处理中心的小高潮。

目前我国病死动物尸体及相关动物产品进行无害化处理的工艺可分为焚烧法、化制法、掩埋法、发酵法四种。

1.3.1.1 焚烧法

焚烧法是指在焚烧容器内，使动物尸体及相关动物产品在富氧或无氧条件下进行氧化反应或热解反应的方法。焚烧法可分为直接焚烧法和炭化焚烧法两种。

（1）直接焚烧法。直接焚烧法是将动物尸体及相关动物产品或破碎产物，投至焚烧炉本体燃烧室，经充分氧化、热解，产生的高温烟气进入二燃室继续燃烧，产生的炉渣经出渣机排出。二燃室内的温度应不小于850℃。二燃室出口烟气经余热利用系统、烟气净化系统处理后达标排放。焚烧炉渣与除尘设备收集的焚烧飞灰应分别收集、储存和运输。焚烧炉渣按一般固体废物处理；焚烧飞灰和其他尾气净化装置收集的固体废物如属于危险废物，则按危险废物处理。

目前上海市在这方面技术比较成熟。上海市动物无害化处理中心于2002年成立，现有二条焚烧炉流水线，一条湿化机流水线，总设计处理能力达60t/d。

（2）炭化焚烧法。炭化焚烧法是将动物尸体及相关动物产品投至热解炭化室，在无氧情况下经充分热解，产生的热解烟气进入燃烧室（二燃室）继续燃烧，产生的固体炭化物残渣经热解碳化室排出。热解温度应不小于600℃，燃烧（二燃）室温度不小于1100℃，焚烧后烟气在1100℃以上停留时间不小于2s。烟气经过热解碳化室热能回收后，降至600℃左右进入排烟管道。烟气经湿式冷却塔进行"急冷"和"脱酸"后进入活性炭吸附和除尘器，最后达标后排放。

1.3.1.2 化制法

化制法是指在密闭的高压容器内，通过向容器夹层或容器内通入高温饱和蒸汽，在干热、压力或高温、压力的作用下，处理动物尸体及相关动物产品的方法。化制法按照蒸汽与处理对象的接触方式，可分为干化法和湿化法两种。

A 干化法

化制法是指在密闭的高压容器内，通过向容器夹层或容器通入高温饱和蒸汽，在干热、压力或高温、压力的作用下，处理动物尸体及相关动物产品的方法，主要为干化法和湿化法。

干化法是将病害动物尸体及其产品放入化制机内，受干热和压力的作用而达到化制的目的。蒸汽不直接接触化制的肉尸，而是通过加热层采用间接加热的方式。

干化法要求处理物中心温度不小于140℃，压力不小于0.5MPa（绝对压力），时间不小于4h（具体处理时间随需处理动物尸体及相关动物产品或破碎物种类和体积大小而设定）。加热烘干产生的热蒸汽经废气处理系统后排出，加热烘干产生的动物尸体残渣传输至压榨系统处理。

目前国内桐乡市采用日处理病死动物11t的干法化制综合利用模式，把病死动物通过高温灭菌、熟化粉碎、干燥后的处理物作为养殖蝇蛆的基质，成为蝇蛆养殖的高蛋白、高脂肪、全营养饲料，养殖蝇蛆后的残渣，与发酵猪粪按一定比例混合后，制成优质有机肥料。山东省潍坊市采用"政府主导、市场化运作、企业经营管理"的病死动物无害化集中处理模式，潍坊市某生物科技有限公司的干法化制设备购置于丹麦，中心两个化制罐处理时间为 3h 左右，日处理能力达 50t。

B 湿化法

湿化法：将动物尸体及相关动物产品或破碎产物送入高温高压容器，总质量不得超过容器总承受力的 4/5，高温高压结束后，对处理物进行初次固液分离，固体物经破碎处理后，送入烘干系统；液体部分送入油水分离系统处理。

湿化法是利用高压饱和蒸汽，直接与畜尸组织接触，当蒸汽遇到动物尸体及其产品而凝结为水时，则能放出大量热能，可使油脂溶化和蛋白质凝固，同时借助于高温与高压，将病原体完全杀灭。

湿化法要求处理物中心温度≥135℃，压力≥0.3MPa（绝对压力），时间≥30min（具体处理时间随需处理动物尸体及相关动物产品或破碎物种类和体积大小而设定）。高温高压处理后，对处理物进行初次固液分离，固体物经破碎处理后，送入烘干系统，液体部分送入油水分离系统处理。

1.3.1.3 掩埋法

掩埋法是指按照相关规定，将动物尸体及相关动物产品投入化尸窖或掩埋坑中并覆盖、消毒，发酵或分解动物尸体及相关动物产品的方法。掩埋法可分为直接掩埋法和化尸窖两种。

A 直接掩埋法

直接掩埋法应选择地势高燥、处于下风向的地点；应远离动物饲养厂、动物屠宰加工场所、动物隔离场所、动物诊疗场所、动物和动物产品集贸市场、生活饮用水源地；应远离城镇居民区、文化教育科研等人口集中区域、主要河流及公路、铁路等主要交通干线。

直接掩埋法的主要技术要求如下：（1）掩埋坑底应高出地下水位 1.5m 以上，要防渗、防漏。（2）坑底撒一层厚度为 2~5cm 的生石灰或漂白粉等消毒药。（3）将动物尸体及相关动物产品投入坑内，最上层距离地表 1.5m 以上。（4）生石灰或漂白粉等消毒药消毒。（5）覆盖距地表 20~30cm，厚度不小于 1~1.2m 的覆盖土。

B 化尸窖

畜禽养殖场的化尸窖应结合本场地形特点，宜建在下风向。乡镇、村的化尸窖选址应选择地势较高，处于下风向的地点。应远离动物饲养厂（饲养小区）、动物屠宰加工场所、动物隔离场所、动物诊疗场所、动物和动物产品集贸市场、泄洪区、生活饮用水源地；应远离居民区、公共场所，以及主要河流、公路、铁路等主要交通干线。

化尸窖的主要技术要求如下：

（1）化尸窖应为砖和混凝土，或者钢筋和混凝土密封结构，应防渗防漏。

（2）在顶部设置投放口，并加盖密封加双锁；设置异味吸附、过滤等除味装置。

（3）投放前应在化尸窖底部铺洒一定量的生石灰或消毒液。

（4）投放后投置口密封加盖加锁，并对投置口、化尸窖及周边环境进行消毒。

（5）当化尸窖内动物尸体达到溶剂的3/4时，应停止使用并密封。

化尸窖（罐）法广泛适用于散养户和小型养殖区，辽宁省大连市自2010年起共投资建设无害化处理井102口，分布在11个区（市）县，处理效果良好；锦州市黑山县兴建了280个无害化处理池和22个玻璃钢无害化处理罐，全县302个行政村实现了动物尸体无害化处理不出村。

1.3.1.4 发酵法

发酵法是指将动物尸体及相关动物产品与稻糠、木屑等辅料按要求摆放，利用动物尸体及相关动物产品产生的生物热或加入特定生物制剂，发酵或分解动物尸体及相关动物产品的方法。

发酵堆体按结构形式主要分为条垛式和发酵池式。处理前在指定场地或发酵池底铺设20cm厚辅料；辅料上平铺动物尸体及相关动物产品，厚度≤20cm；覆盖20cm辅料，确保动物尸体或相关动物产品全部被覆盖。堆体厚度随需处理动物尸体和相关动物产品数量而定，一般控制在2~3m；堆肥发酵堆内部温度≥54℃，一周后翻堆，3周后完成；使用的辅料为稻糠、木屑、秸秆、玉米芯等混合物，或为在稻糠、木屑等混合物中加入特定生物制剂预发酵后的产物。

高温生物降解是发酵法的一种，是利用高温灭菌技术和生物降解技术有机结合，处理病害动物尸体组织，灭杀病原微生物，避免产物、副产物二次污染和资源利用得技术方法。

高温生物降解是利用微生物强大的分解转化有机物质的能力，通过细菌或其他微生物的酶系活动，分解有机物质（如动物尸体组织）变成有机肥料的过程。高温生物复合降解技术是按照生物降解的原理要求，在处理器中放入动物尸体，加入20%左右的辅料（锯末、秸秆、稻草等农业废弃物），再加入降解剂，在55~75℃作用一个周期，然后再160~180℃灭菌2h，排放物进一步后熟后，直接当垃圾填埋或当燃料使用。也可先进行140~160℃灭菌2h，完全灭菌，再进行降解、后熟。

浙江省嘉善县从台湾引进高温生物降解处理病死动物技术，在南北两区分别建成两个日处理病死动物 12t 的处理中心模式，主要原理是死亡动物在反应器中迅速切割，混合麸皮、统糠、锯木屑等辅料经耐高温的生物菌种（复合细菌）迅速分解，通过机器运转碾压成粉状，生成发酵的物质。其形成的产品，可用于饲养蝇蛆、蚯蚓、黄粉虫等。

目前，上述各种处理方式都存在，主要取决于各地实际情况选择。从无害化处理厂的数量来说，国内还是化制法占多数，据 2016 年初步调研统计，焚烧法占比约 10%，化制法占比约 70%，发酵法占比约 20%。

焚烧法、化制法、掩埋法、高温生物降解处理工艺比选见表1-3。

表1-3 处理工艺比选

项目	焚烧法	化制法	掩埋法	高温生物降解
适应范围	适用于全部病疫动物尸体及其产品。适用范围最广	除 GB16548 第3.2.1条规定的疾病外，其他疾病的染疫动物尸体及内脏。适用范围较小	除炭疽等芽孢杆菌类疾病、牛海绵状脑病、痒病以外的染疫动物及产品。适用范围较广	除 GB16548 第3.2.1条规定的疾病外的其他疾病的染疫动物尸体及内脏。适用范围较小
处置结果	减量化、无害化、资源化	无害化、资源化	无害化	无害化、资源化
工艺特点	工艺较复杂，主要包括尸体切割、焚烧、烟气处理、污水处理等系统	工艺较复杂，主要包括尸体高温高压蒸煮、破碎、油水分离、烘干、污水处理等系统	工艺简单，仅需购置挖掘机	处理后产品为富含氨基酸、微量元素的高档有机肥，可用于农作物种植，工艺简单，处理物和产物均在本体内完成
产物	余热回收可产蒸汽	生物油脂、肉骨粉；污水处理可产沼气	—	有机肥料
排放物处理	烟气需经脱酸、除尘处理；残渣及飞灰填埋处理	废水有机物浓度高、需进行降解处理	掩埋后应用氯制剂、漂白粉、生石灰等消毒药对掩埋场所进行消毒处理	发酵产生的恶臭气体应收集处理
占地面积	较大	较小	最大，选址受局限	最小
工程投资	最高	较高	最低	较低
运行成本	最高，消耗助燃柴油、电力	较高，消耗蒸汽、电力	最低	较低

项目	焚烧法	化制法	掩埋法	高温生物降解
优点	减容 90% 以上；热能可回用；完全消除细菌和病毒；适应性广	不产生有毒气体；残渣和油脂可回收利用	处理量大、无需破碎	占地较小，不产生污水，资源化
缺点	建设和运行费用高；运行需要较高技术水平和管理水平	消毒时间长；产生臭气；操作过程不密闭有传染风险；需对回收利用的残渣和油脂长期检测，并对流向进行跟踪监管	掩埋前需焚烧并消毒；占用大量土地；需对地下水长期检测；有传染周围的动物隐患	产生臭气；操作过程不密闭有传染风险；需对残渣利用要监管

综上所述，高温焚烧优点是减容量显著，适应性最广，可以彻底消灭所有有害病原微生物，是最彻底最安全的处理方式。目前国际上也普遍采用焚烧法处理病疫动物尸体及其产品，技术成熟可靠。但缺点是投资较大，运行成本较高，管理要求较高。通常要达到一定的规模才具备成本优势。

掩埋法优点是成本投入少，处理快捷，缺点是占地面积大，选址受局限，使用漂白粉、生石灰等消毒，灭菌效果不理想，存在爆发疫情的安全隐患，同时也有造成地表环境、地下水资源污染的隐患。因其建设周期短，在爆发疫情等来不及处理情况下可作为应急手段。

化制法优点是可杀灭病原体，处理后产品可再次利用，实现资源循环，缺点是工程投资较高，化制产生的废水有机物含量较高，需进行二次处理。此外，化制产生的动物油脂及肉骨粉存在"同源性"问题，需环保部门加强其流向的监管。

高温生物降解优点也是可以回收价值，可以有效消灭病原体，实现无害化处理和资源循环利用。设备占地较小，选址灵活，过程相对简单。缺点是存在臭气问题，存在后续利用环节安全控制问题。

工艺路线确定时候，因结合各地实际发展水平，管理政策，处理规模需求等多种特点，综合考虑工艺设备、工程投资、运行成本、与周边设施衔接等因素，以选择使用合适的工艺路线。

总之，随着法治国家的建设日趋完善，动物处理相关法律法规和规范标准正在逐渐建立，总的技术路线遵循无害化+资源化的原则，技术路线也日趋成熟。

1.3.2 国外主要处理技术

2009 年以前，欧洲发达国家主要采用当时技术比较成熟的焚烧法进行病害动物的无害化处理。据资料介绍，瑞士固废总处理率为 90%，其中焚烧占 70%；丹麦总处理率为 100%，焚烧占 66%；非欧洲国家总处理率为 95.4%，焚烧占 66%，2009 年以后，焚烧法逐渐被淘汰，主要采用较先进的高温化制法，处理率几乎达到 100%。

在德国、加拿大等发达国家，对于死亡动物的处理有着详尽的法律规定，并严格照此执行。从技术角度看，同样有消毒、深埋、焚烧、生物处理等多种技术，所有的处理方式都是以保护环境，防止疫病传播扩散为前提。

德国主要将动物转化为能源，进行合理化的再利用。

蔓延欧洲的"毒鸡蛋"丑闻，部分养鸡场鸡蛋查出氟虫腈含量偏高。按照参与毒鸡蛋处理的兰达克—伊克尔公司的说法，毒鸡蛋被处理成粉末、油脂和水，其中，有毒物质残留最多的粉末运至水泥或发电厂焚烧，用于供能；油脂用于生产生物柴油；水则通过生物净化再次利用。

问题鸡蛋都如此，动物尸体的处理方式则更加严格。德国处理动物尸体要达到两个目的：首先，确保动物副产品对人类、动物健康以及环境无害；其次，就是要尽可能地将动物副产品加以利用。

欧盟第 1774/2002 号条例、第 1069/2009 号条例等系列法规将非人类食用动物副产品（包括动物尸体）分为三种类型：第一类危险程度较高，包括因传染病、受化学污染而需接受处理的动物及其副产品；第二类风险等级较第一类稍低，包括患非传染病而被杀的动物及其副产品（如牛奶）、含有药物残留的动物产品等；第三类则主要为屠宰场、厨房产生的动物垃圾和副产品，如生奶、鲜鱼、动物下水等，这些产品经过加工，可做成肥料、润滑油、生物柴油等再次利用。德国对此进行修订并出台了《动物副产品处理法》，规定所有动物尸体均需在专门的处理机构进行处理。

为了最大利用资源，主要还是化制的处理方式，采用高温消毒的方法，将动物尸体切分成小块后予以高温消毒，最终通过干燥、加水、加压等方法，生产出动物粉末和动物油脂。动物粉末可作为燃料燃烧，动物油脂则可用于生产生物柴油。以前的动物粉末可被用作动物饲料，但自疯牛病暴发后，该做法已被禁止。处理产生的动物副产品均需由政府授权的有资质的企业处理，严格按照要求装运。

对于去世的宠物，宠物主人可将其埋在自家花园，前提是，填埋深度不得低于 50cm 且地点不得位于水资源保护区内。另外，埋至"动物墓地"、交火葬机构处理后保留骨灰也是可行的方法。但若宠物是因患禽流感等特殊传染病死亡，就要参照相关传染病法规的特殊规定处理。

1.3.3　处理技术发展趋势

1.3.3.1　无害化处理技术发展的影响因素

纵观国内外无害化处理方式，各种技术都有成熟应用。国内而言，随着国家政策完善、人民关注热点升温等，动物无害化处理取得了长足的进步，总体说来，影响技术发展主要以下几点：

A　生物安全性

彻底消灭动物尸体携带的病原体、消除动物尸体危害是病死动物无害化处理技术的出发点和落脚点，也是新技术应用推广的前提条件。

B　土地资源紧缺

随着我国城镇化进程的快速推进，土地要素日益趋紧，特别是东部沿海发达地区，土地资源非常宝贵，以深埋方式为主处理病死动物的方法将难以为继。

C　生态环保要求

目前我国环境污染问题十分严重，高污染、粗放式的处理技术将逐渐退出市场，取而代之的是清洁、低排放、集约化的技术工艺。

D　资源循环利用

从发达国家病死动物无害化处理的发展历程以及我国建设资源节约型社会的内在需求来看，对终产物的循环利用将逐渐成为我国病死动物无害化处理技术发展的新方向。

1.3.3.2　无害化处理技术发展趋势

结合发展因素，联系国内发展现状，技术发展主要有以下几点：

A　从分散处理方式转向集中处理方式

尽管养殖业主是病死动物无害化处理的直接责任人，但由于其自行处理能力不足、法律意识淡薄以及利益驱使等各种原因，随意丢弃甚至贩卖病死动物的行为时有发生，政府监管部门则缺乏行之有效的无害化处理运行机制和监管手段。为从根源上解决这些问题，上海、宁波等地率先探索建立病死动物"统一收集、集中处理"体系建设，将养殖环节病死畜禽无害化处理工作全面纳入监管视线。随着集中处理模式的逐步推广以及土地等因素的制约，诸如化制、焚烧、高温发酵等技术，其相应设备的研发与应用已较为成熟，单次处理量大，可适用于区域性大中型病死动物集中无害化处理场。

B　从低技术含量转向高技术含量

科技是第一生产力，技术创新和技术革命是推动病死动物无害化处理工作进步的动力。化尸池、深埋、小型焚烧炉等低层次、粗放式的处理方式或设备，对生态环境的承载力带来很大的负荷。近几年来，通过技术引进和自主研发，我国无害化处理技术的"含金量"有了明显提升。如病死动物的回转窑焚烧处理技术，炭化焚烧技术等，充分利用动物本身有机物成分值等可燃性物质，作为能源回收系统回收，实现节能减排的目的；高温发酵设备所用的复合菌种在温度达到100 ℃以上仍能对动物尸体进行分解，分解过程不产生明显臭味；大型化制机等设备采用了自动化流水线，工作人员可通过电脑实现全过程操作，防止二次污染。由此看来，节能减排、低碳环保、数字智能将是今后我国无害化处理技术发展的主要方向。

C　从单纯注重"无害化"转向"无害化、资源化"并重

病死动物不仅对生态环境和公共卫生安全带来隐患，也给畜牧业生产带巨大的经济损失。除了单纯无害化处理外，利用处理对象中含有油脂、有机物等成分作为资源加以利用，对于建立节约型社会、发展循环经济有着非常重要的社会意义和经济意义。如湿化法处理产生油脂，发酵法制取肥料等。

D　从处理终端扩展至"收集—处理"全过程

所谓"收集—处理"全过程，就是从病死动物收集、运输到无害化处理的整个过程。养殖场（户）点多面广，从源头收集到无害化处理场的过程也存在动物疫病扩散的风险。近几年来，各地开始注重对动物尸体收集运输环节的技术研发。如宁波鄞州对厢式冷藏车进行改造，可通过皮带运输装置直接将病死动物尸体投入装载厢体，避免收集车与养殖场直接接触导致疫病的扩散。上海病死动物无害化处理中心牵头开发的动物无害化运输特种车辆，配备有密封系统、液压尾板装载系统、卫星定位行车记录仪、消毒和污水收集系统等，达到生物安全防护标准。

综上所述，无害化处理技术将遵循无害化、资源化的总体要求，发展更安全、更环保的处理和资源化利用技术，同时加强政策法规、技术规范、监管措施等，培育集中无害化处理工程和无害化处理产业，实现经济效益、社会效益和生态效益的共赢。

焚烧处理技术

焚烧是通过燃烧方式对动物尸体进行无害化处理的方式。美国、澳大利亚实践过程中，形成了广义的开放式焚烧、固定设施焚烧、气帘焚烧 3 种方式。

（1）开放式焚烧。是在开阔地带，用木材堆或其他燃烧技术对动物尸体进行焚烧的无害化处理方式（见图 2-1）。17 世纪，欧洲开始将焚烧作为无害化处理发病动物的一种方法，1967 年英国发生口蹄疫时曾广泛应用该方法，1993 年加拿大发生炭疽疫情时也曾用此法。近年来，该方法只是其他无害化处理方法的必要补充，只有迫不得已时才用，如 2001 年英国口蹄疫大流行期间，曾在 950 个地点处理了 180 万具动物尸体。

图 2-1　木材焚烧示意图

（2）固定设施焚烧。是采用专用设施以柴油、天然气、丙烷等为燃料焚烧动物尸体的一种无害化处理方法，可有效灭活包括芽孢在内的病原菌。该方法也有许多形式，如利用火葬场、大型废弃物焚化场、农场、发电厂等的大型或小型固定焚化设备焚烧动物尸体。20 世纪 70 年代，随着宠物殡葬业逐渐发展，小动物尸体焚烧炉在北美和欧洲应用广泛。英国发现疯牛病（BSE）后，该方法不仅用来焚烧感染 BSE 的动物尸体，而且用于炼制肉骨粉（MBM）和油脂。目前，该方法已经正式纳入英国口蹄疫应急计划的无害化处理部分。在日本，BSE 检测结果阳性的牛，都要使用该方法进行无害化处理。该方法的优点是生物安全性很高，缺点是设施昂贵，操作管理较难。目前经过多年的发展，固定设施焚烧已经成为国内外普遍实行的主要处理措施。

（3）气帘焚烧。是一种较新的焚烧技术，通过多个风道吹进空气，从而产生涡流，可使焚烧速度比开放焚烧速度加快6倍（见图2-2）。气帘焚烧法需要的材料包括木材（与尸体的比例约为1∶1或2∶1）、燃料（如柴油）等。采用该方法处理500头成年猪，需要30捆木材、200加仑柴油。2002年美国弗吉尼亚州发生禽流感时，应用该方法处理了火鸡尸体；2001年英国发生口蹄疫时，也曾进口了部分气帘焚烧设备对动物尸体进行处理；美国科罗拉多州和蒙大拿州也曾采用该方法处理感染慢性消耗病（CWD）动物尸体。气帘焚烧法的优点是可移动、环保，适于与残骸清除组合起来进行；缺点是燃料需求量大、工作量大等，且不能用于传染性海绵状脑病（TSEs）感染动物尸体的无害化处理。

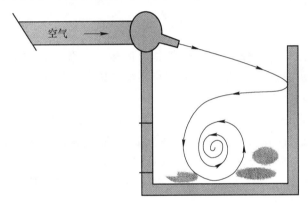

图2-2　气帘焚烧示意（美国）

随着经济、技术水平和环保要求的提高，从低技术含量转向高技术含量的处理方式已经是不可逆转的趋势，病死动物的焚烧处理技术也经过多年的发展，趋于成熟化、规范化。本章主要就针对固定设施集中焚烧工程开展讲述。

2.1　焚烧处理相关标准要求

焚烧法可以彻底消灭有害病原微生物，同时焚烧产生的热能可回收利用，是一种彻底实现无害化、减量化、资源化的处理方式，且焚烧法占地面积小，技术成熟可靠。因此，国际上普遍采用焚烧法处理病疫动物尸体及其产品。

根据目前标准规范，对于焚烧法处理的要求如下：

2.1.1　定义及术语

（1）物料。国家或地方规定应该进行集中无害化处理的动物尸体、动物产品或其他相关物品。

（2）焚烧炉温度。焚烧炉燃烧室出口中心的温度。

（3）烟气停留时间。燃烧所产生的烟气从最后的空气喷射口或燃烧器出口到换热面或烟道冷风引射口之间的停留时间。

（4）焚毁去除率。某有机物质经焚烧后所减少的百分比。用以下公式表示：

$$DRE = (W_i - W_o)/W_i \times 100\%$$

式中　W_i——被焚烧物中某有机物质的质量；

　　　　W_o——烟道排放气和焚烧残余物中与 W_i 相应的有机物质的质量之和。

（5）焚烧效率

烟道排出气体中二氧化碳浓度与二氧化碳和一氧化碳浓度之和的百分比。

（6）焚烧炉渣热灼减率

焚烧残渣经灼热减少的质量占原焚烧残渣质量分数。

2.1.2　处置

（1）焚烧法工艺流程主要包括畜禽尸体接收、登记、称重、分类，取样、化验、临时存储、破碎、传输、投入焚烧系统焚烧、烟气净化、飞灰处理、灰渣处置、余热回收。

（2）烟气净化系统主要包括喷淋、活性炭吸附、除尘、冷却、脱酸、引风和烟囱等。烟气经净化处理达到相关标准后（如《锅炉大气污染物排放标准》（GB13271），具体根据环评及当地标准执行）后方可排放。

（3）焚烧炉渣按照一般固体废物处理，焚烧飞灰如经检测属于危险废物，应按照有关规定处理。

2.1.2.1　直接焚烧法

A　技术工艺

（1）可视情况对动物尸体及相关动物产品进行破碎预处理。

（2）将动物尸体及相关动物产品或破碎产物，投至焚烧炉本体燃烧室，经充分氧化、热解，产生的高温烟气进入二燃室继续燃烧，产生的炉渣经出渣机排出。燃烧室温度应≥850℃。

（3）二燃室出口烟气经余热利用系统、烟气净化系统处理后达标排放。

（4）焚烧炉渣与除尘设备收集的焚烧飞灰应分别收集、储存和运输。焚烧炉渣按一般固体废物处理；焚烧飞灰和其他尾气净化装置收集的固体废物如属于危险废物，则按危险废物处理。

B　操作注意事项

（1）严格控制焚烧进料频率和质量，使物料能够充分与空气接触，保证完全燃烧。

（2）燃烧室内应保持负压状态，避免焚烧过程中发生烟气泄露。

（3）燃烧所产生的烟气从最后的助燃空气喷射口或燃烧器出口到换热面或烟道冷风引射口之间的停留时间应不小于2s。

（4）二燃室顶部设紧急排放烟囱，应急时开启。

（5）应配备充分的烟气净化系统，包括喷淋塔、活性炭喷射吸附、除尘器、冷却塔、引风机和烟囱等，焚烧炉出口烟气中氧含量应为6%～10%（干气）。

2.1.2.2 炭化焚烧法

A 技术工艺

（1）将动物尸体及相关动物产品投至热解炭化室，在无氧情况下经充分热解，产生的热解烟气进入燃烧（二燃）室继续燃烧，产生的固体炭化物残渣经热解炭化室排出。热解温度应≥600℃，燃烧（二燃）室温度≥1100℃，焚烧后烟气在1100℃以上停留时间≥2s。

（2）烟气经过热解炭化室热能回收后，降至600℃左右进入排烟管道。烟气经过湿式冷却塔进行"急冷"和"脱酸"后进入活性炭吸附和除尘器，最后达标后排放。

B 注意事项

（1）应检查热解炭化系统的炉门密封性，以保证热解炭化室的隔氧状态。

（2）应定期检查和清理热解气输出管道，以免发生阻塞。

（3）热解炭化室顶部需设置与大气相连的防爆口，热解炭化室内压力过大时可自动开启泄压。

（4）应根据处理物种类、体积等严格控制热解的温度、升温速度及物料在热解炭化室里的停留时间。

2.2 焚烧原理及工艺流程

2.2.1 焚烧处理系统基本要求

2.2.1.1 焚烧工艺总体要求

焚烧处理工艺必须满足如下基本条件：

（1）病死动物及其产品必须经过高温燃烧以彻底焚毁有毒物质。

（2）尾气、残渣、污水、飞灰的妥善处理和达标排放。

（3）能连续不间断地运行、运行稳定、控制先进。

焚烧炉技术性能要求见表2-1。

在废物焚烧处理技术和设备发展的历程中，产生了多种技术，但基本工艺组合形式一般如图2-3所示。

表 2-1　焚烧炉的技术性能指标

焚烧炉温度 /℃	烟气停留时间 /s	燃烧效率 /%	焚毁去除率 /%	焚烧残渣的热灼减率 /%	出口烟气中氧含量（干气）/%	炉体表面温度 /℃
≥850	≥2.0	≥99.9	≥99.99	<5	6~12%	≤50

注：参见《动物无害化集中处理场所通用技术规范》（DB31/T 821—2014）。

图 2-3　危险废物焚烧处理工艺流程图

其中，焚烧炉技术和烟气净化技术是评价整个焚烧系统的关键所在，现分别给予详细叙述。

2.2.1.2　焚烧影响因素

根据固体物质的燃烧动力学，影响废物焚烧处理效果评价的因素主要包括：物料尺寸、停留时间、湍流程度、焚烧温度、过剩空气量。

（1）物料尺寸（Size）物料尺寸越小，则所需加热和燃烧时间越短。另外，尺寸越小，比表面积则越大，与空气的接触随之约充分，有利于提高焚烧效率。一般来说，固体物质的燃烧时间与物料粒度的 1~2 次方成正比。

（2）停留时间（Time）。为保证物料的充分燃烧，需要在炉内停留一定时间，包括加热物料及氧化反应的时间。停留时间与物料粒度及传热、传质、氧化反应速度有关，同时也与温度、湍流程度等因素有关。

（3）湍流程度（Turbulence）。湍流程度指物料与空气及气化产物与空气之间的混合情况，湍流程度越大，混合越充分，空气的利用率越高，燃烧越有效。

（4）温度（Temperature）。焚烧温度取决于废物的燃烧特性（如热值、燃点、含水率）以及焚烧炉结构、空气量等。一般来说，焚烧温度越高，废物燃烧所需的停留时间越短，燃烧效率也越高。但是，如果温度过高，会对炉体材料产生影响，还可能发生炉排结焦等问题。炉膛温度最低应保持在物料的燃点温度以上。

（5）过剩空气量（Excess Air）。为保证氧化反应进行得完全，从化学反应的角度应提供足量的空气。但是，过剩空气的供给会导致燃烧温度的降低。因此，空气量与温度是两个相互矛盾的影响因素，在实际操作过程中，应根据废物特性、处理要求等加以适当调整。一般情况下，过剩空气量应控制在理论空气量的 1.7~2.5 倍。

总之，在焚烧炉的操作运行过程中，停留时间、湍流程度、焚烧温度和过量空气量是四个最重要的影响因素，而且各因素间相互依赖，通常称为"3T-1E"原则。

2.2.1.3 焚烧炉概述

随着焚烧技术的发展，焚烧设备的种类也越来越多，其炉型结构也越来越完善，各种炉型的使用范围和适用条件各不相同，下述是几种比较成熟常用的炉型。

（1）气化熔融炉。气化熔融炉是一种连续式焚烧炉。目前以日本的流化床式气化熔融炉应用最广。其结构型式由气化炉和熔融炉两部分组成。废物先进入气化炉，在低温缺氧的环境中燃烧，燃烧中产生的大量可燃气体进入熔融炉，不燃物的80%以飞灰形式存在，在熔融炉中通过配风和大量投加辅助燃料使可燃气体完全燃烧、使飞灰熔融。该炉型是较彻底的无害化焚烧设备，适合于重金属含量高的废物。但能耗很高，运行成本高。熔融炉需要耐高温材料，设备投资大。目前还没有用于焚烧动物尸体的先例。

（2）炉排炉。炉排炉是使用最普遍的一种连续式焚烧炉，常用于处理量较大的城市生活垃圾焚烧厂中。炉排炉的特点是废物在大面积的炉排上分布，料层厚薄较均匀，空气沿炉排片上升，供氧均匀。炉排炉的关键技术是炉排，一般可分采用往复式、滚筒式、振动式等型式。运行方法和普通炉排燃煤相似。由于炉排炉的空气是通过炉排的缝隙穿越与废物混合助燃，所以，病疫动物尸体所含大量油脂和水分容易从炉排的缝隙渗漏，无法处理，而且动物尸体的成分波动大，炉温难以控制导致结焦。

目前，国内有上海市动物无害化处理中心项目采用的是炉排炉设备工艺，基本能满足动物尸体的焚烧和排放要求，但高油脂、高水分动物尸体的焚烧效率较低。

（3）热解炉（也称为 AB 炉、ABC 炉）。燃烧系统主要由两个单元组成，即热解气化炉或干馏气化炉（一燃室）、燃烧炉焚烧室（二燃室）。一燃室是使废物在缺氧条件下的热解气化区，两个（AB 炉）或三个（ABC 炉）一燃室交替使用。热解炉是一种间断式焚烧炉，燃烧机理为静态缺氧、分级燃烧，经历热解、汽化、燃尽三个阶段，即通过控制温度和炉内空气量，过剩空气系数小于1，废物缺氧燃烧。在此条件下，废物被干燥、加热、分解，其中的有机物、水分和可以分解的组分被释放，热解过程中有机物可被热解转化成可燃性气体（H_2、CO 等）；不可分解的可燃部分在一燃室燃烧，为一燃室提供热量直至成为灰烬。一燃室中释放的可燃气体通过紊流混合区进入二燃室，在氧气充足的条件下完全氧化燃烧，高温分解。

热解炉技术成熟、工艺可靠，操作方便（一次性进料、一次性出渣）、烟气含尘量低。其缺点是热解时间长；非连续运行，波动大；热解温度恰好是二恶英生成的温度区间；只适用于小规模以及小尺寸物料的焚烧。经专家国内考察，该设备不适用于50kg以上动物尸体的焚烧，且无切割装置等配套设施，不能满足大中型动物的处理要求。

热解气化炉简图如图2-4所示。

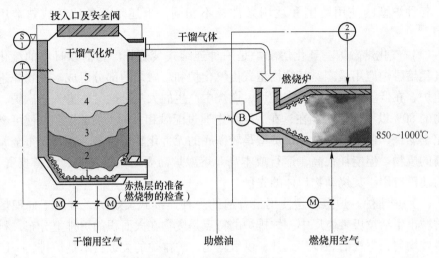

图2-4 热解气化炉简图

1—灰化层；2—赤热层；3—流动化层；4—传热层；5—气化层

（4）回转窑。也称为回转炉、回转窑等。

回转窑是一种连续式焚烧炉（见图2-5），在国外已成熟用于病死动物焚烧，国内也已有多处成功案例。炉子主体部分为卧式的钢制圆筒，圆筒与水平线略倾斜安装，进料端（窑头）略高于出料端（窑尾），一般斜度1%~2%，筒体可绕轴线转动。此炉型适应性强，对物料的性状要求低，用途广泛，基本适用于各类气、液、固体物料。运行时，物料从窑头进入回转窑，在窑内经过干燥段、燃烧段、燃烬段后，焚烧残渣从窑尾排出。液体废物可由固体废物夹带入炉焚烧，或通过喷嘴喷入炉内焚烧。回转窑内焚烧温度在750~850℃，产生的未完全燃烧的可燃气体进入二燃室，通过供氧和投加辅助燃料的方式进行二次燃烧，燃烧温度达到850℃以上，并且保证烟气在二燃室中的停留时间2s以上，使可燃气体及二恶英彻底分解。该炉型可以连续运行，有利于热能的回收利用，对物料适应性强，技术成熟可靠，操作方便，能耗适中。

回转窑焚烧炉是国际上通用的病死动物处理装置，几乎可处理各种废物，具有对废物适应性较广，设备运行稳定可靠、焚烧彻底等优点，同等条件与热解炉相比具有能耗大、运行成本高等不足。回转窑式焚烧炉因其对废物受热、搅动的条件更为有利，焚烧处理系统适应性更强，可很好满足各种病死动物在进料、出

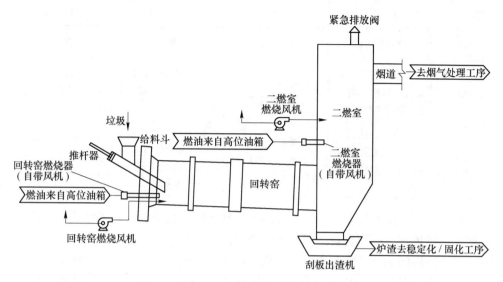

图 2-5　回转窑焚烧炉简图

渣、燃烧完全等方面的要求。

　　该设施的优点是可连续运转、进料弹性大，能够处理各种类型的固体和半固体危险废物，甚至液体废物，技术可行性指标较高，易于操作。与余热锅炉连同使用可以回收热分解过程中产生的大量能量，因此，其能量额定值非常高，运行和维护方便。从目前国内外的情况来看，采用回转窑焚烧炉对病死动物进行处理的比例是较高的。四种炉型对比表见表 2-2。

表 2-2　四种炉型对比表

项目	气化熔融炉	炉排炉	热解炉	回转窑
处理规模 /t·d⁻¹	50~200	200~800	<5	10~70
运行方式	连续	连续	间断	连续
能量消耗	最大	适中	最小	适中
适应范围	适用于重金属含量高的废物。对物料尺寸有要求，不宜过大	适用于各种固体物料。不适于液体以及颗粒过于细小的固体物料。适用于大规模焚烧	适用于可燃分高的物料。适用于小规模焚烧。对物料尺寸有要求，不宜过大	适用于各类固体、液体、气体物料，对物料尺寸适应性强，应用范围广。适合于中、小规模焚烧

续表 2-2

项目	气化熔融炉	炉排炉	热解炉	回转窑
优点	较彻底的无害化处理，熔融后的灰分可做建筑材料	处理量大，燃烧均匀，工况稳定	技术成熟，操作方便，烟气中尘含量低	技术成熟可靠，运行工况稳定，物料适应性强
缺点	投资大、运行成本高。没有用于动物尸体焚烧的工程实例	高油脂、高水分以及细小颗粒物的燃烬率低	间断运行系统波动大，处理规模小，不适于体积较大的动物尸体焚烧	对运行人员的技术水平和管理水平要求较高

除了上述常用的炉型外，用于处理病死动物的焚烧炉尚有：多膛式炉、液体喷射炉、旋风炉、船用焚烧炉等小型焚烧炉。

国内处理的病死动物及产品的特点多是水分和油脂含量高、有坚硬的钙化物（骨骼）、有切碎后的肢体、也有 50kg 以上的大块动物尸体、还有形状各异的动物制品。可见，回转窑炉型有广泛的适用性和灵活性，可保持连续运行，最终达标排放。目前，国内外病死动物焚烧炉应用较多的处理工艺是回转窑和热解气化炉两种。回转窑一般主要用于处理规模较大的（10t/d 以上）；对于 10t/d 以下的焚烧炉，热解气化炉应用较多。国际上病死动物尸体焚烧装置主要采用回转窑，并有很多正常运行多年的业绩，国内也有上海等地设置了回转窑焚烧线，目前运行状况良好。

2.2.1.4　回转窑燃烧工况概述

回转窑燃烧工况主要分为如下灰渣式、熔渣式、热解式三种。目前最常用的是灰渣式回转窑焚烧炉，其次是熔渣式回转窑焚烧炉，发展趋势是热解式回转窑焚烧炉，即热解技术与回转窑技术相结合，目的是降低回转窑的能耗大这一问题。

以上三种技术各有优缺点，在使用过程中各有侧重，主要表现在以下几方面：

（1）灰渣式焚烧炉。灰渣式焚烧炉对一般性危险废物来讲，回转窑温度控制在 850~900℃，危险废物通过氧化燃烧达到销毁，回转窑窑尾排出的主要是灰渣，冷却后灰渣松散性较好，由于炉膛温度不高，危险废物对回转窑耐火材料的高温侵蚀性和氧化性不强，同等条件下耐火材料的使用寿命比熔渣式回转窑焚烧炉要长。其次是灰渣式焚烧炉焚烧熔渣"挂壁"现象不严重，有利于回转窑内径保持正常尺寸和设备正常运行，同等条件下灰渣式回转窑焚烧炉产生的烟气量比熔渣式回转窑焚烧炉低 10%~15%。由于烟气量的降低，因此对尾气净化来讲，设备装机容量、设备尺寸比熔渣式回转窑焚烧炉低，高温氮氧化物相对少，运行成本相比低 10% 左右。灰渣式回转窑焚烧炉排出的灰渣也完全能满足环保标准要求。但是灰渣式回转窑焚烧炉与热解式回转窑焚烧炉相比，其烟气量要高15%左右，运行成本也高10%左右。

（2）熔渣式回转窑焚烧炉。熔渣式回转窑焚烧炉是根据熔融焚烧炉发展而来，国外熔融炉主要是处理一些单一的品种，温度一般在1500℃以上，目的是便于操作控制，提高销毁率，熔渣热灼减率低，焚烧彻底，这是其最大优点。但由于熔渣式回转窑焚烧炉炉腔温度较高，辅助燃料耗量增大，带来的最直接的后果是回转窑耐火材料、保温材料要求较高，若回转窑窑体保温效果不好，热辐射损失增大，对尾气净化系统讲，运行成本与灰渣式回转窑焚烧炉相比更大，对于病死动物焚烧厂而言即适用性较低。

（3）热解式回转窑焚烧炉。热解式回转窑焚烧炉温度控制在700~800℃，由于病死动物在回转窑内热解气化产生可燃气体进入二燃室燃烧，可以大大降低耗油量。另外，由于温度低，热损失少，烟气量为三种处理工艺最低，约比灰渣式焚烧炉低15%，比熔渣式低30%，尾气净化设备尺寸变少，装机容量降低，这样可以大大降低运行成本。但是它最大的缺点是灰渣残留量高，灰渣焚烧不彻底，且经专家国内考察，该设备不适用于50kg以上动物尸体的焚烧，且无切割装置等配套设施，不能满足大中型动物的处理要求。

2.2.1.5　烟气净化工艺概述

焚烧法处理废物后产生的烟气虽经余热回收，但为控制二噁英类物质的重新生成，余热锅炉出口烟气温度要控制在500℃以上，加之烟气中含一定量的粉尘、有毒气体（一氧化碳、氮氧化物、二氧化硫、氯化氢等）、二噁英类物质及重金属（汞、镉、铅等），为防止焚烧产生的烟气对大气环境造成二次污染，必须对烟气进行净化处理。针对不同烟气成分及不同的环境质量控制要求，选用不同的烟气净化系统。

焚烧炉大气污染物排放参考执行《生活垃圾焚烧污染控制标准》（GB18485—2014），有条件的参考欧盟2010年制定的《工业排放指令》（2010/75/EU），具体标准应根据项目环境影响评价要求执行，污染物应设置在线监测系统，信号上传环保局，并对公众予以公示，接受监督。

烟气净化处理标准见表2-3。

表2-3　烟气净化处理标准

污染物名称	单位	国家标准 GB 18485—2014		欧盟 2010/75/EU
		1h 均值	24h 均值	日平均
颗粒物	mg/m³	30	20	10
氮氧化物（NO$_x$）	mg/m³	300	250	200

污染物名称	单 位	国家标准 GB 18485—2014		欧盟 2010/75/EU
		1h 均值	24h 均值	日平均
二氧化硫（SO_2）	mg/m^3	100	80	50
氯化氢（HCl）	mg/m^3	60	50	10
Hg 及其化合物（以 Hg 计）	mg/m^3		0.05	0.05
镉、铊及其化合物（以 Cd+Ti 计）	mg/m^3	—	0.1	0.05
锑、砷、铅、铬、钴、铜、锰、镍及其化合物（以 Sb+As+Pb+Cr+Co+Cu+Mn+Ni 计）	mg/m^3（标态）		1.0	0.5
二恶英类（TEQ）	$ng\ TEQ/m^3$（标态）		0.1	0.1
CO	mg/m^3（标态）	100	80	50
HF	mg/m^3（标态）	—	—	1
TOC				10
烟气黑度	林格曼级			1

废物焚烧系统烟气净化工艺及设备在近几十年来得到很大发展，尤其进入20 世纪 80 年代后，随着各国对环境质量提出更高要求，焚烧厂空气污染防治工艺技术及设备日趋成熟，并针对不同的环境质量控制要求，形成了不同的工艺路线及设备组合。

去除烟气中各种成分的常见方法有干法脱酸、半干法脱酸、湿法脱酸、旋风除尘、静电除尘及布袋除尘等，烟气中有的成分选用单独一种方法即可，有的成分则需几种方法组合使用。

（1）粉尘：可采用单一的旋风除尘、静电除尘或布袋除尘，几种组合使用效果更佳。静电除尘器具有运行费用低，运行管理方便，维修保养费用低等特点；但在实际运行时除尘效率低，尤其对 <1μm 的微小颗粒物脱除效率更低，而一般情况下，重金属及二恶英均凝聚于 1μm 的微颗粒上，因而电除尘对重金属及二恶英的脱除效率低。布袋除尘器的造价比电除尘略省，其对 <1μm 的微小颗粒物脱除效率在 90% 以上，故其对重金属及二恶英的脱除效率高；另外，布袋除尘器具有二次脱 HCl、SO_2 的作用，提高了脱 HCl、SO_2 的效果。布袋除尘器对操作工艺条件的要求较高，维修较困难，对高温化学腐蚀较敏感。

（2）酸性气体：可采用干法脱酸、半干法脱酸、湿法脱酸，这三种方法都要使用酸性气体吸收剂，常用吸收剂为氧化钙、碳酸钙、氧化镁、碳酸镁、氢氧化钙、氢氧化钠等。

（3）重金属、二恶英类物质：对于二恶英类物质的控制采取预防、治理相结合的方法：首先控制焚烧炉二燃室的"3T"，即停留时间（燃烧室内停留时间≥2s），温度（焚烧温度不小于1100℃）和空气湍流。其次，烟气降温过程中，在200～500℃之间极易合成二恶英，所以采用强制喷淋降温方法，缩短降温时间，减少二恶英的重新聚合。

在重金属及二恶英的处理上，有的采用喷活性炭粉的方法，有的采用活性炭吸附塔的方法；采用活性炭吸附法具有投资高，运行成本高，在操作得当的前提下，其脱除效率高。现一般厂均采用在布袋除尘器前喷入活性炭粉的方法脱除重金属及二恶英即可满足国家标准的要求。

部分重金属具有挥发性，其在燃烧过程中大部分进入烟气中，在烟气降温的过程中被吸附在烟尘上，在除酸性气体和除尘的过程中被除去部分；在布袋除尘器前喷入活性炭粉脱除重金属及二恶英，并在布袋除尘器中被去除，从而使烟气达标排放。

（4）NO_x 的脱除。

NO_x 的生成机理：一是废物中所含氮成分在燃烧时生成 NO_x，二是空气所含氮气在高温下氧化生成 NO_2。因此，去除 NO_x 的根本方法是抑制 NO_x 的生成，由于氧气浓度越高，产生的 NO_x 浓度也越高。因此，一般通过低氧燃烧法来控制 NO_x 的产生，即通过限制一次助燃空气量以控制燃烧中的 NO_x 量，实践已证明，这是行之有效的方法。具体措施主要有：

1）烟气充分混合。采用高压一次空气、二次空气均匀布风等措施，使烟气在炉内高温域得到充分的混合和搅拌。

2）低空气比。通过降低过剩空气系数，采用低氧方式运行，降低氧浓度，抑制 NO_x 的产生。控制炉膛温度不高于950℃（在满足850℃以上的前提下）。

对于烟气处理的脱 NO_x 工艺，工程上采用较多的有选择性非催化还原工艺（SNCR）和选择性催化还原工艺（SCR）两种：

①选择性催化去除 NO_x 工艺。选择性催化还原法（SCR）是在催化剂的存在的条件下，NO_x 被还原成 N_2 和水。SCR系统设置在烟气处理系统布袋除尘器的下游段，在催化剂脱硝反应塔内喷入氨气。氨气制备是将尿素或氨水溶液进行热解产生。为了达到SCR法还原反应所需的200～300℃的温度，烟气在进入催化脱氮器之前需要加热，试验证明，SCR法可以将 NO_x 排放浓度控制在 50mg/Nm³ 以下。SCR的脱硝效率约为80%～90%。

②选择性非催化去除 NO_x 工艺。选择性非催化还原法（SNCR）是在高温（800～1000℃）条件下，利用还原剂将 NO_x 还原成 N_2，SNCR不需要催化剂，但其还原反应所需的温度比SCR法高得多，因此SNCR需设置在焚烧炉膛内完成。SNCR的脱硝效率约为30%～50%。

综上，SNCR 工艺可保证 NO_x 的排放指标达到 $200mg/m^3$（标态）。如果上述指标仍不满足要求。为了使 NO_x 日均排放指标保证值 $100mg/m^3$（标态），需进一步脱除氮氧化物或者改用其他更高脱销效率的方法。此时，如果仅通过 SCR 脱硝将 NO_x 从 $300mg/m^3$（标态）降到 $100mg/m^3$（标态）的情况时，需要催化剂的量将非常多。因此，从 $300mg/m^3$（标态）到 $200mg/m^3$（标态）使用 SNCR 脱硝，从 $200mg/m^3$（标态）到 $100mg/m^3$（标态）使用 SCR 进行脱硝，可将需要使用的催化剂量降下来，从而降低工程的运行费用。

（5）CO 去除。在回转窑焚烧炉中由于没有充分完全燃烧，还有很少量的 CO，在二燃室炉膛中设置两个组合式燃烧器，其燃烧火焰使烟气形成漩流，使 CO 及其他还原性气体（NH_3、H_2、HCN 等）在高温下进一步氧化，最终生成 N_2、O_2、CO_2、H_2O 和 NO_x。

烟气中各种成分的去除方法汇总表 2-4。

表 2-4　烟气中各种成分的去除方法

成分	方　　法
粉尘	湿法、干法、半干法、静电除尘、布袋除尘、旋风除尘
酸性气体	湿法、干法、半干法
二恶英类物质	燃烧过程控制（3T）、急冷、布袋除尘
重金属	湿法、干法、半干法、布袋除尘、除铁器
氮氧化物	选择性催化还原法（SCR）、选择性非催化还原法（SNCR）

焚烧系统烟气净化工艺及设备在近几十年来得到很大发展，尤其进入 20 世纪 80 年代后，随着各国对环境质量提出更高要求，焚烧厂空气污染防治工艺技术及设备日趋成熟，并针对不同的环境质量控制要求，形成了不同的工艺路线及设备组合。主流的工艺组合大致有三种形式，可以根据不同的焚烧烟气污染物选择，见表 2-5。

表 2-5　烟气净化组合工艺

类型	组　　合	备　　注
半干法	急冷塔+半干式喷淋塔+布袋除尘器	（1）在布袋前设置活性炭系统，按情况设置旋风除尘；
湿法	急冷塔+布袋除尘尘器+湿式洗涤塔	（2）湿法后，可以选择设置消白烟装置；
干法+湿法	急冷塔+干式塔+布袋除尘器+湿式洗涤塔	（3）引风机可以在湿法洗涤前或后

湿式法、干式法、半干式法，均能去除粉尘和酸性气体、重金属，其中半干法和湿法常采用的脱硫剂是浓度为 30% 的 NaOH 溶液，干式法根据脱酸剂的不同可分为生石灰干法（CaO）和小苏打（$NaHCO_3$）干法，几种方法比较见表 2-6。

表2-6　三种净化方法特点比较

项　目		干法（生石灰）	干法（小苏打）	半干法（NaOH）	湿法（NaOH）
需要脱酸剂量		高	中等	中等	小
脱酸剂的利用率		低	高	中等	高
效率	脱SO_2	70	大于90	80	大于90
	脱HCl	小于90	大于95	小于95	大于95
工艺复杂程度		简单	简单	中等	复杂
占地		小	小	中等	大
投资		小	小	中等	大
烟气是否要再热		否	否	否	要
是否需要水处理		否	否	否	要
运行费		少	少	高	略高
排尘/mg·m^{-3}（标态）		约30	约30	30~50	约30
排HCl/mg·m^{-3}（标态）		200	约50	约50	约20
排SO_2/mg·m^{-3}（标态）		约50	约30	约30	约10
重金属等		好	好	好	好
黏性对布袋的影响		黏性强、易糊袋	无黏性	有黏性、水分高的情况下糊袋	在除尘器后，无影响

由表2-6比较可知：

（1）湿法脱酸用药剂量最省，反应效率最高，但设备投资高、占地面积大，还需要设置水处理系统，工艺复杂，更适用于烟气中酸性气体浓度较大的类型。

（2）半干法脱酸无论从脱酸剂反应效率、设备投资还是工艺复杂程度等方面都适中，但运行中需要向烟气中喷水，使烟气中的含水率提高。而病死动物等物料自身含水率已达60%以上，烟气含水率太高布袋除尘器有糊袋可能。脱酸剂成本也最高，因此并不适用。

（3）干法脱酸投资成本低、工艺简单、无废水排放、占地面积最小，但是生石灰黏性很强，在高水分的情况下极易糊袋导致布袋飞灰量大。而小苏打亲水性差，反应效率高，飞灰量相对较小。因此动物尸体焚烧产生的酸性气体量相对较低，通常经过小苏打干法脱酸工艺处理即可达到排放标准要求。

总体而言，在动物焚烧领域，因动物组分中污染物含量不高，干法应用最广泛。此外，为进一步控制烟气中粉尘含量，有工程采用两级除尘工艺，即在急冷塔后布置旋风分离器，去除大部分颗粒物，以减轻布袋除尘器的负荷。

有理由相信，随着烟气排放标准的不断提高和科技的不断发展，焚烧炉技术和烟气处理技术将日益更新和优化。

2.2.1.6 焚烧炉排气筒高度

焚烧炉排气筒的高度及数量设置可符合 GB 18485 的要求并满足环评要求，具体要求如下：

（1）焚烧炉排气筒高度见表2-7。

表 2-7 焚烧炉排气筒高度

焚烧量/t·d^{-1}	排气筒最低允许高度/m
≤300	45
≥300	60

（2）新建集中式危险废物焚烧厂焚烧炉排气筒周围半径 200m 内有建筑物时，排气筒高度必须高出最高建筑物 3m 以上。

（3）对于几个排气源地焚烧厂应集中到一个排气筒排放或采用多筒集合式排放。

（4）焚烧炉排气筒应按 GB/T 16157 的要求，设置永久采样孔，并在采样孔的正下方 1m 处设置不小于 3m^2 的带护栏安全检测平坦，并设置永久电源（220V）以便放置采样设备进行采样操作。

2.2.2 标准规范要求

焚烧处理是指在焚烧容器内，使动物尸体及相关动物产品在富氧或无氧条件下进行氧化反应或热解反应的方法。目前，国内主流的焚烧处理方法可分为直接焚烧法和炭化焚烧法两种。

2.2.2.1 直接焚烧法

直接焚烧法（见图 2-6）是将动物尸体及相关动物产品或破碎产物，投至焚烧炉本体燃烧室，经充分氧化、热解，产生的高温烟气进入二燃室继续燃烧，产生的炉渣经出渣机排出。二燃室内的温度应≥850℃。二燃室出口烟气经余热利用系统、烟气净化系统处理后达标排放。

2.2.2.2 炭化焚烧法

A 炭化工艺原理

炭化是焚烧的一种方式。炭化又称干馏、焦化，是指固体或有机物在隔绝空气条件下加热分解的反应过程或加热固体物质来制取液体或气体（通常会变为固体）产物的一种方式。这个过程不一定会涉及裂解或热解。冷凝后收集产物。与通常蒸馏相比，这个过程需要更高的温度。使用干馏可以从炭或木材中提取液态

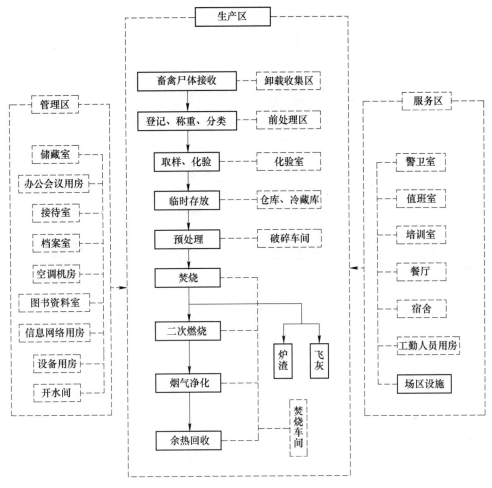

图 2-6 直接焚烧法工艺流程图

的燃料。干馏也可以通过热解来分解矿物质盐，例如，对硫酸盐干馏可以产生二氧化硫和三氧化硫，溶于水后就可以得到硫酸；对煤干馏，可得焦炭、煤焦油、粗氨水、煤气。

由于动物中大部分为脂肪和蛋白质，因此，病死动物的炭化过程大部分是脂肪和蛋白质的热解过程。

B　炭化焚烧法工艺流程

炭化焚烧法（见图 2-7）是将动物尸体及相关动物产品投至热解炭化室，在无氧情况下经充分热解，产生的热解烟气进入燃烧室（二燃室）继续燃烧，产生的固体炭化物残渣经热解炭化室排出。烟气经过热解炭化室热能回收后，降至600℃左右进入排烟管道。烟气经湿式冷却塔进行"急冷"和"脱酸"后进入活性炭吸附和除尘器，最后达标后排放。

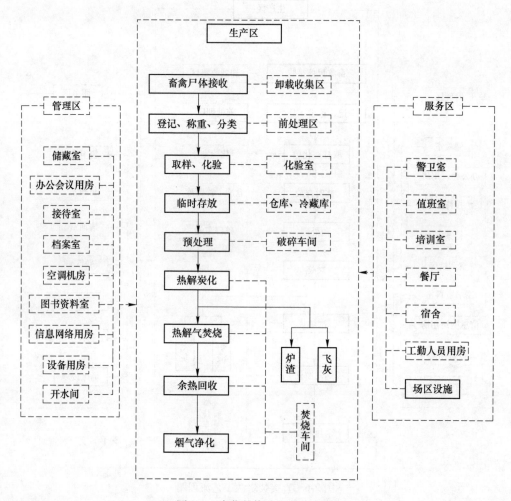

图 2-7　炭化焚烧法工艺流程图

2.3　焚烧工艺计算原理

2.3.1　焚烧工艺计算概述

2.3.1.1　主要目的

工艺计算是焚烧处理工程的核心。焚烧工艺计算包括燃烧计算、物料质量平衡计算以及主要设备计算。

计算的主要目的在于确定工艺、设备的规格参数，根据计算，可以确定主要外形尺寸、工艺布置图、设备清单、工艺物料消耗和能耗等。

2.3.1.2　主要计算步骤

焚烧工艺计算通常针对的是某一种特定工艺流程的物料和能量的平衡计算。不同的危险废物焚烧工艺，计算结果也有差异。焚烧工艺计算是一个复杂的系统过程，其中包含了物理热能原理、化学反应原理和系统实际应用特点等多种因素，简单说来，计算过程可以概括为如下四步：

（1）处理量及元素组分输入。

（2）空气量与烟气量计算。

（3）焚烧炉热平衡和物料平衡计算。

（4）余热锅炉和烟气处理系统计算。

2.3.2　焚烧工艺计算主要原理

2.3.2.1　焚烧烟气量及烟气温度计算

危险废物焚烧烟气量计算包括理论需氧量、理论需空气量、总烟气量计算，烟气量及烟气温度计算方法同生活垃圾焚烧计算，主要不同点如下：

（1）危险废物焚烧通常采用回转窑焚烧炉，过剩空气量通常占理论需氧量的 $50\% \sim 90\%$，因此真正的助燃空气量 $V_a' = (1.5 \sim 1.9)V_a$。

（2）焚烧要求二燃室烟气温度不小于 $850\,℃$。

（3）烟气成分应考虑 S、Cl、F 等元素影响。

2.3.2.2　热量平衡

在进行热平衡计算时，需要确定基准温度，这个基准温度可以取为 $0\,℃$，也可以取为环境大气温度。

焚烧炉的热量平衡示意图如图 2-8 所示。

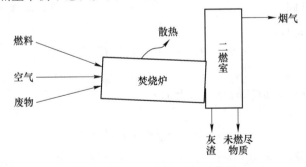

图 2-8　焚烧炉热量平衡示意图

A　热量输入

（1）燃料发热量 H_{i1}：

采用高热值时，$H_{i1} = H_h(\text{kcal/kg})$；

采用低热值时，$H_{i1} = H_l(\text{kcal/kg})$。

（2）燃料显热 H_{i2}：

$$H_{i2} = C_f(\theta_f - \theta_0)$$

式中 C_f——燃料比热容，kcal/(kg·℃)，垃圾的 $C_f \approx 0.6 \sim 0.7\text{kcal/}$
             (kg·℃)；

       θ_f——燃料温度，℃；

       θ_0——基准温度，℃。

（3）助燃空气显热 H_{i3}：

$$H_{i3} = V_A · C_a(\theta_a - \theta_0)$$

式中 V_A——助燃空气量，kg/kg 或 $\text{m}^3\text{/kg}$；

      C_a——空气的等压比热容，kJ/(kg·℃) 或 kcal/(kg·℃)；

      θ_a——空气入口温度，℃；

      θ_0——基准温度，℃。

  B   热量输出

（1）烟气带走的热量 H_{01}：

1）以低热值计算：

$$H_{01} = V_d C_g(\theta_g - \theta_0) + (V - V_d)C_s(\theta_g - \theta_0) \tag{2-1}$$

式中 C_g——烟气平均等压比热容；

      C_s——水蒸气平均等压比热容；

      V——总烟气量；

      V_d——干烟气量；

      θ_g——烟气温度；

      θ_0——基准温度，℃。

其余各符号同上式。

2）以高热值计算：

$$H_{01} = V_d C_g(\theta_g - \theta_0) + (V - V_d)[C_s(\theta_g - \theta_0) + r] \tag{2-2}$$

式中 r——水的蒸发潜热。

（2）不完全燃烧造成的热损失 H_{02}：

1）底灰：

$$H_{02}' = 6000 \times I_g a$$

式中 a——灰分，kg/kg；

      I_g——底灰中残留可燃物分量，约等于热灼减量；

  6000——底灰中残留可燃物的经验热值，kcal/kg。

2）飞灰：

$$H_{02}'' = 8000 \times d \times C_{\mathrm{d}}$$

式中 d——飞灰量，g/kg；

C_{d}——飞灰中可燃物分量；

8000——飞灰中残留可燃物的经验热值，kcal/kg。

$$H_{02} = H_{02}' + H_{02}'' （约占总出热的 0.5\% \sim 2.0\%）$$

（3）焚烧灰带走的显热 H_{03}：

$$H_{03} = a \times C_{\mathrm{as}} \times (\theta_{\mathrm{as}} - \theta_0)$$

式中 C_{as}——焚烧灰的比热容，kcal/(kg·℃)，约等于 0.3；

θ_{as}——焚烧灰出口温度。

（4）炉壁散热损失 H_{04}：

通常由入热和出热的差值计算，需要单独计算时，单位时间炉壁的散热量可以表示为：

$$H_{04}' = \sum h_{\mathrm{e}}(\theta_{\mathrm{s}} - \theta_{\mathrm{a}}) \times F + 4.88\varepsilon \left[\left(\frac{T_{\mathrm{s}}}{100} \right)^4 - \left(\frac{T_{\mathrm{a}}}{100} \right)^4 \right] \times F$$

式中 h_{e}——对流传热系数；

θ_{s}——炉外壁表面温度，℃；

T_{s}——炉外壁表面温度，K；

θ_{a}——环境大气温度，℃；

T_{a}——环境电器温度，K；

F——炉外壁面积，m²；

ε——炉外壁表面辐射率。

H_{04}' 也可以由下式求得：

$$H_{04}' = \frac{\lambda \times (\theta_{\mathrm{i}} - \theta_{\mathrm{s}})}{L} \times F$$

式中 λ——炉壁的导热系数；

θ_{i}——炉内壁温度；

L——壁厚，m。

换成 1kg 燃料：

$$H_{04} = H_{04}'/M$$

式中 M——单位时间的投料量，kg/h。

2.3.2.3 余热锅炉与烟气净化系统计算

A 余热锅炉计算

为防止二噁英的再生成，因此余热锅炉一般利用焚烧烟气从 850℃ 降温到 500℃ 的换热产生的热量，避开 500~200℃ 的温度区间。余热锅炉计算不同于一般的锅炉计算，其主要通过换热量来计算余热锅炉蒸发量、锅炉给水量及排污量，当然，余热锅炉与其选用的蒸汽参数有关。由于危险废物焚烧烟气利用温度区间有限，且通常焚烧规模不大，生活垃圾焚烧相比，其产生的蒸汽量较少且不稳定，通常不进行发电利用。因此，其蒸汽参数通常为低压蒸气，比如 $0.6 \sim 2.5 MPa$，该蒸汽可以进一步利用于加热空气、伴热及废物综合利用等。

B　急冷塔计算

急冷塔要求在 1s 内从 500℃ 快速降温到 200℃ 以下，通常采用急冷雾化喷头喷水来控制。急冷塔体尺寸与喷头雾化角度有关，喷水量则与烟气换热量有关。

C　烟气脱酸药剂计算

燃烧产生的烟气中存在 HCl，SO_x 等酸性气体，根据脱酸工艺不同药剂用量计算分别如下：

采用生石灰（CaO）脱酸

$$CaO+2HCl \Longrightarrow CaCl_2+H_2O$$
$$2CaO+2SO_2+O_2 \Longrightarrow 2CaSO_4$$

则 CaO 的理论消耗量为：$(M_{Cl}/2+M_S) \times 56/1000 kg/h$

实际应用时，钙硫比一般取 2。

采用熟石灰（Ca(OH)$_2$）脱酸

$$Ca(OH)_2+2HCl \Longrightarrow CaCl_2+2H_2O$$
$$2Ca(OH)_2+2SO_2+O_2 \Longrightarrow 2CaSO_4+2H_2O$$

则 Ca(OH)$_2$ 的理论消耗量为：$(M_{Cl}/2+M_S) \times 74/1000 kg/h$

实际应用时，钙硫比一般取 2。若液体浓度已知，需再换算为液态量。

采用 NaOH 脱酸

$$NaOH+HCl \Longrightarrow NaCl+H_2O$$
$$4NaOH+2SO_2+O_2 \Longrightarrow 2Na_2SO_4+2H_2O$$

则 NaOH 的理论消耗量为：$(M_{Cl}+2M_S) \times 40/1000 kg/h$

实际应用时，钠硫比一般取 1.2。若液体浓度已知，需再换算为液态量。

针对两级脱酸系统，干法脱酸对酸性气体去除率可取 $20\% \sim 30\%$，剩余部分酸性气体被湿法脱酸去除。

活性炭添加量通常按其与烟气量的比例进行计算，一般取 $100 \sim 300 mg/Nm^3$ 烟气。

D　灰渣量计算

垃圾焚烧过程灰渣包括炉体排放的灰渣量和随烟气排放的飞灰量两部分。

总灰量：焚烧后的总灰量来自收到基含灰量和不可燃物质：

$$G_h = A_{arh}B_{jh} + B_h q_4 (kg/h)$$

飞灰量：飞灰量分为两部分，一是焚烧后不燃物被烟气带出的部分，该部分约占总灰量的20%；二是烟气净化系统喷入的消石灰、活性炭等。

炉渣量：约占总灰量的80%。

2.3.3 工艺计算典型数据

2.3.3.1 物料特性

物料情况对焚烧计算影响很大，一般应根据建设单位提供的检测数据，同时查阅相关技术文献总结物料特性，参考国内外病死动物的主要成分分析及文献，典型病疫动物的特性见表2-8。

表2-8 物料基本特性表

项目与单位		文献数据	检测数据	
项目	单位	猪	猪	兔
碳（C）	%	20.5	21.42	17.06
氢（H）	%	3	1.84	1.49
氧（O）	%	6.2	10.29	4.71
氮（N）	%	2.7	1.97	4.18
硫（S）	%	0.2	0.11	0.35
水（M）	%	65.6	63.09	64.1
灰分（A）	%	1.8	1.28	8.11
氧弹法	低位发热量 $Q_{g,v}/J \cdot g^{-1}$	7100	9493	4850

考虑到进炉物料的广谱性，物料可能包括猪、兔以外的牲畜及家禽，且上述检测数值均为猪肉及兔肉数据，尚未包含猪油及骨头的成分分析，故大致的设计物料特性如表2-9取值。

表2-9 设计物料特性表

名称	碳	氢	氧	氮	硫	水	灰分	低位热值
符号	C_{ar}	H_{ar}	O_{ar}	N_{ar}	S_{ar}	M	A_{ar}	Q_{ydw}
单位	%	%	%	%	%	%	%	kcal/kg
数值	19.29	1.66	8.94	2.02	0.13	58.09	9.88	1900

焚烧处理的辅助燃料通常可采用0号轻柴油或天然气。

0号柴油闪点温度为65℃，20℃时黏度为3.0~8.0mm²/s，其基本参数参照表2-10。

表 2-10　0 号轻柴油基本参数

名称	碳	氢	氧	氮	硫	水	灰分	低位热值
符号	C_{ar}	H_{ar}	O_{ar}	N_{ar}	S_{ar}	M	A_{ar}	Q_{ydw}
单位	%	%	%	%	%	%	%	kJ/kg
数值	85.55	13.49	0.66	0.04	0.25	0	0.01	42915

注：各地的柴油略有差异。

天然气主要成分为 CH_4。基本参数见表 2-11。

表 2-11　天然气基本参数

名称	碳	氢	氧	氮	硫	水	灰分	低位热值
符号	C_{ar}	H_{ar}	O_{ar}	N_{ar}	S_{ar}	M	A_{ar}	Q_{ydw}
单位	%	%	%	%	%	%	%	kJ/kg
数值	73.36	24.12	—	2.52	—	—	—	36533

2.3.3.2　物料衡算

一旦确定了处理量和低位热值，即可以用下面的原则来制作燃烧图。

焚烧炉每小时的最大热负荷=低位热值×每天焚烧量；最小热负荷约是最大热负荷的 60%。低于该值时，由于不可燃物质的特性而会产生一些问题；锅炉可在任何热负荷下工作，但要求它在蒸汽的质量低于 70% 时，维持正常工作是不现实的；单台炉的最小机械负荷为通常为额定值的 60%。

根据上述原则，可根据废物的低位热值以及焚烧炉特征，确定危险废物焚烧过程的燃烧图的特征值，包括正常设计点、最大可接受低位热值、最大和最小机械负荷点、最小机械及热负荷点、最小低位热值及机械负荷点和最小低位热值及最大机械负荷点。

如果进炉废物的热值高于设计热值，燃烧不会有问题，但机械负荷将低于设计值，因为焚烧炉系统受到设备热极限能力的限制。而当低位热值过低时，必须使用辅助燃烧器，以维持最低的气体分离温度。在正常的设计热值区域内，仍可能应用辅助燃烧器。当然，一个项目的最后燃烧图在一定程度上取决于所选用的燃烧方式。

以 30t/d 的焚烧炉为例，计算数据如下：

按照单条焚烧线设计处理规模 30t/d、热值 1911kcal/kg 进行计算，回转窑需助燃空气 3200m³/h（标态），二燃室需助燃空气 2100m³/h（标态），进入烟囱烟气量 10000m³/h（标态）。焚烧线炉渣产量 110kg/h，飞灰产量 60kg/h。余热锅炉约可产生 2t/h 的饱和蒸汽（1.0MPa(g)/184℃）。

2.4 焚烧工艺设备描述

2.4.1 收集、储存系统

2.4.1.1 病死畜禽收运系统

A 运输设施

选择专用的运输车辆或封闭厢式运载工具，车厢四壁及底部应使用耐腐蚀材料，并采取防渗措施。车辆驶离暂存、养殖等场所前，应对车轮及车厢外部进行消毒。运载车辆应尽量避免进入人口密集区。若运输途中发生渗漏，应重新包装、消毒后运输。卸载后，应对运输车辆及相关工具等进行彻底清洗、消毒。

根据病死动物尸体的特殊性和危害性，使用统一配置的专用密封运输车到畜牧场接收尸体，三重密封，确保沿途不滴漏。车辆配置达到国家规定排放标准的发动机，确保排放达到环保要求。

B 周转箱的要求

由于动物尸体容易具有感染性病菌，因此对周转箱的要求可参考按照《危害废物储存污染控制指标》、《危害废物污染防治技术政策》中对危险废物储存容器的要求，同时满足盛装整头牲畜的需要，概括如下：

（1）应当使用符合标准的容器盛装物料；

（2）装载物料的容器及材质要满足相应的强度要求；

（3）装载物料的容器必须完好无损；

（4）盛装物料的容器材质和衬里要与物料相容；

（5）用符合国家标准的专门容器分类收集；

（6）装运的容器应根据物料的不同特性而设计，不宜破损、变形、老化，能有效地防止渗漏、扩散。

2.4.1.2 卸货系统

卸货时进行条码识别分类处理。能及时处理的物料如须经过破碎处理则直接卸入储罐等待破碎，如无需破碎处理则直接进入进料螺旋的中间料仓；不能及时处理的物料，运输车辆通过液压尾板系统、液压推板系统将动物尸体卸货至周转箱，由叉车运入冷库暂存，处理时通过叉车转运倒入储仓。空周转箱清洗消毒后回收循环使用。需要检验的可以抽样解剖化验，设置单独取样化验通道至化验室。

采用冷冻或冷藏方式进行暂存，防止无害化处理前动物尸体腐败。暂存场所应能防水、防渗、防鼠、防盗，易于清洗和消毒。暂存场所应设置明显警示标识。应定期对暂存场所及周边环境进行清洗消毒。

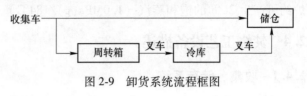

图 2-9　卸货系统流程框图

卸货系统流程框图如图 2-9 所示。

2.4.2　切割系统

切割系统主要包括螺旋输送机、双轴切割机。

储仓中存放的动物尸体通过其下方设置的螺旋输送机，送入切割机进行切割。输送设备以及切割机进料斗的尺寸均须满足一整头牲畜的输送要求。

2.4.3　进料系统

进料系统流程框图如图 2-10 所示。

图 2-10　进料系统流程框图

切割处理后的物料依靠重力落入切割机下方设置的螺旋输送机，送入焚烧炉的进料斗，依靠重力作用经溜槽落至推料输送段，进料闸板门开启，开动推料机，使废物进入回转窑内，推料机缩回，关闭进料闸板门。一个推料过程完成，进入下一个推料过程。根据实际情况确定往复操作的次数和频率。

2.4.4　焚烧系统

以回转窑焚烧系统为例。回转窑焚烧系统工艺流程如图 2-11 所示。

物料进入回转窑前端，回转窑前端设有燃烧器和一次风，随着回转窑的转动不断翻滚，与一次风充分混合，迅速被干燥并着火燃烧，废物依靠自身的热值和补充燃料燃烧，直至燃尽，焚烧产生的烟气进入二燃室；燃尽的炉渣，从回转窑尾部依靠重力落至排渣机，并经炉渣输送机外运；二燃室中设有燃烧器和二次风，来自回转窑中未充分燃烧的气体进入二燃室继续燃烧，二燃室必须控制在较高的燃烧温度（≥850℃）和在此温度下不小于 2s 的烟气停留时间，以控制烟气中有毒有害物质及二恶英类物质的产生；二燃室燃烧产生的烟气进入余热锅炉。

油罐储存的轻柴油通过供油泵送至柴油缓冲罐，而后自流进入布置在回转窑和二燃室的燃烧器，燃烧器为一体化全自动燃烧器，可实现风油比例的自动调

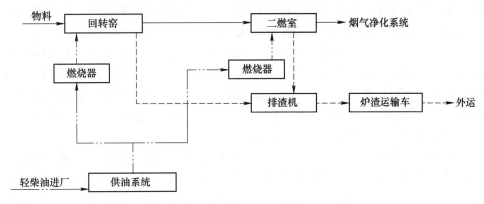

图 2-11　焚烧系统工艺流程图

节，实现理想的助燃效果。

焚烧系统主要包含回转窑单元、二燃室单元和助燃空气单元。

2.4.4.1　回转窑

回转窑为废弃物燃烧的主燃烧室，内衬浇注料和耐火砖，依靠电机及齿轮驱动系统提供动力可正反转、摇摆及停止转动，废物焚烧时回转窑一般采取摇摆方式。燃烧过程可分为干燥段、燃烧段、燃烬段，废物在窑内不停翻动、加热、干燥、气化和燃烧，达到无害化和减量化，采用变频器控制转速，通过调节回转窑转速调整废弃物在窑内停留时间。

回转窑多采用顺流式。病死动物尸体从筒体的头部进入，助燃的空气由头部进入，随着筒体的转动缓慢地向尾部移动，完成干燥、燃烧、燃尽的全过程，焚烧后的炉渣由窑尾排出，落入出渣机内，炉渣经冷却降温后由出渣机带出，运至灰渣间存放；焚烧产生的烟气，由窑体尾部进入二燃室。

回转窑设计中长径比（L/D）比取值应适当，可延长废物在回转窑内的停留时间，保证了危险废物在回转窑内的完全干燥、分解和固态物质的焚烧和炉渣的燃尽。同时采用烟气顺流的形式，使部分在回转窑内未燃尽的垃圾在出渣室底部继续燃烧直至燃尽。

在回转窑内设置扬料装置，增加垃圾在回转窑内的受热面积，从而加速废物在回转窑内的气化、燃烧和炉渣的燃尽。回转窑在进料口和下料口设有推料机构和锁风阀，可保证连续进料和防止冷风渗入。

回转窑出口烟气进入二燃室后，在二燃室四周切向喷入二次风，使得在二燃室中形成强烈的涡旋场，烟气中可燃成分得以充分燃烧。同时二燃室采用独特结构设计使二燃室兼有旋风除尘作用。二燃室出口烟温大于850℃，烟气在高温区停留时间在 2s 以上，保证烟气中包括二恶英在内的有害成分彻底分解。焚烧炉设有辅助燃烧系统，当垃圾热值较低不能保证工艺所要求的温度时，辅助燃烧系统自动开启，保证焚烧所需的温度和焚烧效果。

动物尸体通过进料机构送入回转窑本体内进行高温焚烧，经过45~75min左右的高温焚烧，物料被彻底焚烧成高温烟气和灰渣，回转窑的转速可以进行调节，保持约50mm厚的稳定渣层可以起到保护耐火层作用，其操作温度应控制在850℃左右，高温烟气和灰渣从窑尾进入二燃室，焚烧灰渣从窑尾进入水封刮板出渣机，水冷后运至灰渣间存放，定期外运处置。

回转窑分窑头、本体、窑尾、传动机构等几部分。窑头布置一个多燃料燃烧器及助燃空气的输送、以及回转窑与窑头的密封。窑头使用耐火材料进行保护，耐火层由一层水冷却支撑环支撑着，位于窑头的底端。在下部设置一个废料收集器收集废物漏料。窑尾是连接回转窑本体以及二燃室的过渡体，它的主要作用是保证窑尾的密封以及烟气和焚烧灰渣的输送通道。焚烧炉的窑尾密封结构有鱼鳞片式密封、烧结石墨密封块用牵引绳密封等密封结构，由于窑尾温度高，为保护窑体钢板，增加窑尾风冷装置，进行冷却。

为保证物料向下的传输，回转窑必须保持一定的倾斜度，焚烧炉倾斜度设计值为1%~3%；由于危险废物物料的波动性，焚烧时间长短不一，焚烧炉需要较大程度的调节，通常焚烧炉设计转速范围为0.1~2.0r/min内。

为保证有机物彻底焚毁，烟气中保证适当的空气，按照GB18485的要求，排放烟气中（干气）的含氧量应维持在6%~10%。整个回转窑焚烧系统始终处于负压运行，防止烟气泄露。

回转窑外观图如图2-12所示；回转窑窑头剖面图如图2-13所示。

图2-12　回转窑外观图

2.4.4.2　二燃室

烟气随后进入二燃室，在回转窑焚烧炉高温焚烧的烟气从窑尾进入二燃室，烟气在二燃室燃尽，二燃室的温度控制不小于850℃，为了避免辐射和二燃室外壳过热，二燃室设计成由钢板和耐火材料组成的圆柱筒体。根据焚烧理

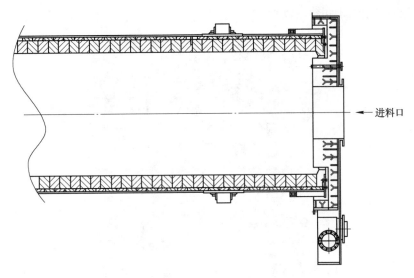

进料口

图 2-13　回转窑窑头剖面图

论，烟气充分焚烧的原则是 3T+1E 原则，即保证足够的温度（焚烧炉：大于 850℃）、足够的停留时间（大于 2s）、足够的扰动（二燃室喉口用二次风或燃烧器燃烧让气流形成漩流）、足够的过剩氧气，其中前三个作用是由二燃室来完成。

二燃室采用直立圆筒型结构，采用多点强制切向供入二次风，选用的耐火材料充分考虑防腐要求，设置安全保护装置。在二燃室下部设置二次风和两个燃料燃烧器，保证二燃室烟气温度达到标准以及烟气有足够的扰动。回转窑本体内少量没有完全燃烧的气体在二燃室内得到充分燃烧，并提高二燃室温度。

二燃室顶部设置紧急泄放烟囱。在发生紧急停炉条件时，如停电或停水，开启紧急泄放烟囱，烟气由二燃室顶部排到大气中。

紧急泄放烟囱由开启门和钢板烟囱组成，其底部设有气动机构控制的密封开启门。紧急烟囱的主要作用是当焚烧炉内出现爆燃、停电等意外情况，紧急开启烟囱，避免设备爆炸、后续设备损害等恶性事故发生。当炉内正压超过 300Pa 时，气动机构会自动开启密封开启门通过紧急烟囱排放烟气，在燃烧过程中即使发生爆燃，炉内压力也能得到释放，避免发生安全事故。在特殊时刻，可以手动开启密封开启门。紧急烟囱的密封开启门平时维持气密，防止烟气直接逸散。此紧急旁路还可在开车升温时使用。烟囱顶部设气动阀门，正常时阀门处于关闭状态；当遇到紧急情况时，阀门自动打开，紧急状况结束后，可自动复位。

二燃室（见图 2-14）下部放置出渣机，回转窑内不可燃的无机物及回转窑和二燃室的灰渣落入出渣机。

二燃室立面图如图 2-15 所示。

图 2-14 二燃室

2.4.4.3 辅助燃烧系统

辅助燃料一般采用燃料油。罐车将油卸入油罐内，由泵输送至中间油箱内，经泵、燃烧器喷入炉内助燃。

当焚烧炉启动、进炉物料热值过低以致二燃室不能达到设计温度时，采用轻质柴油或天然气作二燃室的辅助燃料，使废物焚烧处于最佳状态。

当废物热值较高，焚烧温度达到设定值时，燃烧器熄火；当废物的热值较低时，燃烧器大小火自动调节辅助燃烧。

2.4.4.4 助燃空气系统

供排风系统是指整个系统中为满足工艺需要而设置的风机及其相应管道等。主要设备包括一次风机、二次风机、和窑尾冷却风机。

A 一次风机

当回转窑达到一定温度时，关闭燃烧器，为确保废物在回转窑内充分燃烧，回转窑需维持一定的温度和氧含量，此时可继续开启燃烧器助燃风机，由于该风

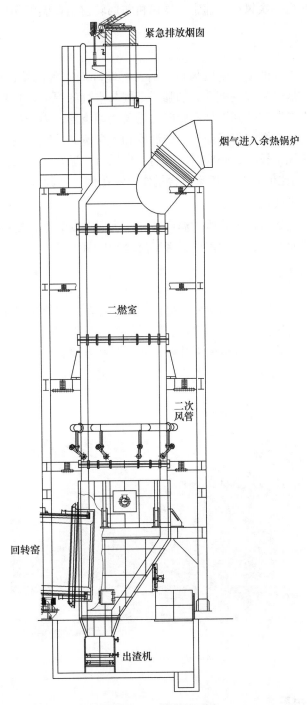

图 2-15　二燃室立面图

量较小，故需开启一次风机。通常一次风机与回转窑出口温度作反相闭循环控制PID调节。

B　二次风机

二燃室设置单独的助燃空气风机。沿二燃室环向布置风箱，风管旋向布置，在风的带动下，烟气呈螺旋上升，加强了烟气与空气的混合，延长了烟气在炉内的停留时间。当二燃室达到设计温度时，需关闭燃烧器，为确保废气在二燃室内进一步充分燃烧，二燃室需保证一定的温度和氧含量。此时可继续开启燃烧器助燃风机，由于该风量较小，必要时需开启二次风机。通常二次风机受CEMS测量值（CO与CO_2的比值）与二燃室氧含量作串级比例控制调节。

C　窑尾冷却风机

由于回转窑燃烧时窑尾阶段的温度最高，为保护安装在窑尾的设备以及防止窑尾筒体因受热而变形，因此需要设置窑尾冷却风机。

2.4.4.5　出渣机

焚烧炉产生的炉渣从二燃室底部排出，由水冷刮板出渣机排出，出渣机是一种通过刮板链条输送物料的输送设备。物料的移动是靠刮板链条的移动及物料间的内摩擦力而形成的。出渣机密封性好、安装维修方便、使用寿命长。出渣机输送物料均为高温块状物料，设备布置在储水水封槽，在输送过程中能对物料进行冷却。

出渣机外形图如图2-16所示。

图2-16　出渣机外形图

2.4.5　余热利用系统

余热利用系统流程图如图2-17所示。

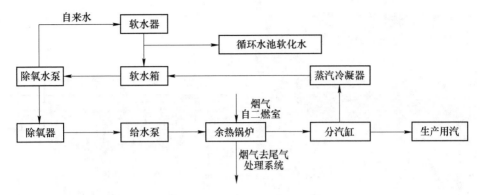

图 2-17　余热利用系统流程图

废物焚烧产生的高温烟气是一种热源，对其加以回收利用可降低整个系统的运行成本，提高经济效益，同时可减轻尾气处理的负荷。但废物焚烧炉不同于一般的工业炉窑，其运行介质和运行条件具有特殊性，余热回收必须以保证焚烧系统运行的安全性和防止二噁英的再生为前提。

从目前比较成熟的理论看，废物焚烧产生的烟气若在 500℃ 以下逐渐降温，二噁英等有害气体再生成的可能性将增大，而骤冷过程则可有效抑制有害物质的再生。因此，设计通常只考虑利用焚烧炉出口烟温 850～550℃ 这一区间的烟气余热。

二燃室出口的高温烟气进入余热锅炉产生蒸汽，烟气经余热锅炉放热后进入烟气冷却、净化系统，锅炉收集的飞灰从底部灰斗排出。

产生蒸汽可用于空气加热器、烟气加热器、除氧器、外供利用等。上述用蒸汽设备中，除除氧器外，其余设备消耗的蒸汽可回收循环利用。回收的冷凝水进入冷凝水箱，最后由锅炉给水泵送至锅炉汽包。锅炉补充水采用软化水或除盐水，由软水器或除盐水装置制备。锅炉设有蒸汽取样、给水取样和锅炉排污取样设施。

余热利用系统主要包括余热锅炉、余热锅炉水循环单元和余热锅炉辅助设备。

2.4.5.1　余热锅炉

主流余热锅炉为膜式壁结构形式，循环方式为自然循环，由炉膛、膜式水冷壁、蒸发器、汽包、吹灰器及附件组成（见图 2-18）。

余热锅炉剖面图如图 2-19 所示。

给水由给水泵输送到炉膛顶部的锅筒，由不受热的集中下降管输送到水冷壁和蒸发受热面的集箱。经过受热面加热后的汽水混合物汇集至汽包，分离出的饱和蒸汽由分汽缸分配给各用热设备。

图 2-18　余热锅炉外观图

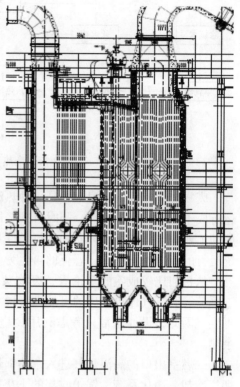

图 2-19　余热锅炉剖面图

　　炉膛为四周以及顶部均布有膜式水冷壁，炉膛顶部水冷壁管与水平线夹角约为 20°，以避免汽水分层现象。炉膛底部为锥形灰斗，炉膛下布置一个锥斗，以收集飞灰。高温烟气进入炉膛后温度降为 500～550℃，重的灰渣和灰尘落入灰斗，进入对流受热面后结焦的可能性降到最低。膜式水冷壁采用光管+扁钢制作，在前墙开设人孔及其他观察孔、测量孔等。

　　炉膛出口的烟气进入水平布置的对流换热区，该区域布置一组蒸发受热面。对流换热区的所有受热面均由上部集箱悬吊于水平烟道顶棚的钢结构上。水平烟道顶部及两侧布置膜式水冷壁。蒸发受热面设置机械式锤击吹灰系统，定时清除受热面上的积灰，吹灰系统安装在水平烟道的两侧。水平烟道底部设置一个锥形灰斗，用于收集飞灰。

　　锅炉由膜式壁形成的辐射冷却室构成。高温烟气在冷却室中通过辐射传热冷却，使熔融状态的高温烟尘凝固；并将较重的尘粒在转向时从烟气中分离出来。为了保证更好的冷却和分离效果，设置了两个回程的光管冷却室，使烟气温度降到 550～500℃后由出口烟道引出。

由于焚烧产生烟气的特性，即含有腐蚀性的气体如氯化氢（HCl），氟化氢（HF）等，因此锅炉在设计时必须考虑长期运行时的耐腐蚀性，而在锅炉的材料以及炉膛中的温度控制上做特殊的处理。另外，由于烟气中含有的灰分，而这些灰分在高温状态下呈熔融状态且具有很大黏性，因此通过辐射将其温度降至熔点以下，从而避免受热面因灰分粘结而受腐蚀以及锅炉效率下降的不利情况。

2.4.5.2 锅炉水系统

需设置软水器对锅炉给水进行软化处理，水质达到《工业锅炉水质标准》（GB 1576—2001）。

自动软水器产生的软化水收集至软化水箱，软化水箱起到缓冲锅炉用水的需要。软化水箱的水经除氧器水泵、热力除氧器、锅炉给水泵、给水管路强制送入锅筒。锅筒为汽水混合物。水空间的饱和水通过炉外分散下降管，进入下集箱，然后进入水冷壁管，管内的水受热蒸发，由于密度差，蒸汽向上流动进入上集箱，通过导汽管进入锅筒汽空间，经过内置式汽水分离器后排出，供用户使用。富余蒸汽通过蒸汽冷凝器冷却，凝结成水后，流入凝结水箱回用。

2.4.6 烟气净化系统

焚烧法处理废物后产生的烟气虽经余热回收，但烟气中含一定量的粉尘、有毒气体（一氧化碳、氮氧化物、二氧化硫、氯化氢等）、二噁英类物质及重金属汞、镉、铅等，为防止焚烧产生的烟气对大气环境造成二次污染，必须对烟气进行净化处理。针对不同烟气成分及不同的环境质量控制要求，选用不同的烟气净化系统。

2.4.6.1 急冷系统

急冷塔（见图2-20）多采用顺流式喷淋塔，高温烟气从喷淋塔顶部进入，经过布气装置使烟气均匀地分布在塔内，喷淋塔顶部喷入水，与烟气直接接触使烟气温度急速下降，从500～550℃骤冷至200℃以下，可以避开二噁英再合成的温度段，从而达到抑制二噁英再生成的目的。烟气在急冷的过程中，除了降温，还有洗涤、除尘的作用。脱除的一部分飞灰从急冷塔底部排出，

图2-20　急冷塔外观图

去后续工艺段处理。

急冷喷枪采用气液两相喷嘴，喷出细小的雾化水到烟气中。急冷水喷水量根据烟气出口温度自动调节，当该温度高于设定温度时，喷嘴喷出的急冷水量增加，反之，则减少急冷水量，同时根据喷水量自动调整压缩空气用量。

由于烟气温度的降低，一部分飞灰从烟气中析出，落入急冷塔底部排出。为了控制二恶英再生以及减轻高温酸性烟气对后续等设备造成的腐蚀、烟尘结垢问题，在余热锅炉之后设置了急冷塔，使烟气在急冷塔中被喷入的水雾瞬间降温，并且分离部分烟尘等物质。

急冷塔内壁采用耐高温、耐腐蚀胶泥材料，该种浇注材料有良好的热震稳定性和化学稳定性，大大延长钢材的耐腐蚀寿命。

急冷喷枪套管内通入保护风，减轻其腐蚀，延长使用寿命。

急冷塔结构图如图 2-21 所示。

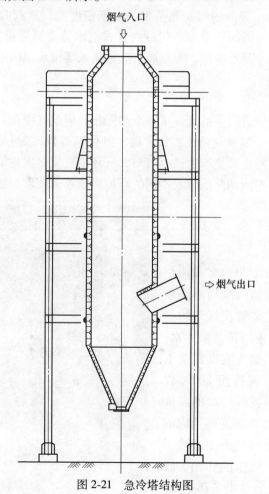

图 2-21　急冷塔结构图

2.4.6.2 旋风除尘系统

急冷塔内喷水后，塔内发生降温、除尘反应，为减轻后续布袋除尘器的负荷，从而进一步提高烟气处理效果，急冷塔后设置旋风除尘器。

除尘器由进气管、筒体、锥体、排气管风冷夹套等组成。经急冷降温的含尘气流进入除尘器后，沿外壁由上向下作旋转运动，当旋转气流的大部分到达锥体底部后，转而向上沿轴心旋转，最后经排气管排出。气流作旋转运动时，尘粒在离心力作用下逐步移向外壁，到达外壁的尘粒在气流和重力共同作用下沿壁面落入灰斗。从而达到除去大颗粒粉尘的目的。对于大于 $40\mu m$ 以上的粉尘去除效率大于 90%。

旋风除尘器外观如图 2-22 所示。

2.4.6.3 干式脱酸系统

干式脱酸系统由干式反应器、小苏打储存和输送装置、活性炭储存和输送装置组成。小苏打仓中的小苏打、活性炭仓中的活性炭通过各自仓下的输送机送至干式反应器，分别与流经干式反应器烟气中的酸性物质、重金属和二恶英类物质结合，并在后续烟道和袋式除尘器滤袋表面发生持续性反应，达到理想的污染物去除效果。

图 2-22 旋风除尘器

小苏打通常由运输槽车通过气力输送将其送入储仓内，活性炭通过吊车将袋装的活性炭粉送入储仓内，分别通过给料机构进入烟道。

由于活性炭具有极大的比表面积，因此，即使是少量的活性炭，只要与烟气混合均匀且接触时间足够长，就可以达到高吸附净化效率。活性炭与烟气混合一般是通过强烈的湍流实现的，而足够长的接触时间就必须以后续的袋式除尘器为保证。也就是说，活性炭喷射吸附应与袋式除尘器配套，活性炭的位置应在袋式除尘器前的烟气管道上。这样，活性炭在管道中与烟气混合后吸附一定量的污染物，但并未达到饱和，随后再与烟气一起进入后续的袋式除尘器，停留在滤袋上，与缓慢地通过滤袋的烟气充分接触，最终达到对烟气中重金属和二恶英的吸附净化。

被去除的污染物作为飞灰的一部分从系统排出。

2.4.6.4　布袋除尘系统

布袋除尘器（见图2-23）由灰斗、进排风道、过滤室（中、下箱体）、清洁室、滤袋及框架（笼骨）、手动进风阀，气动蝶阀、脉冲清灰机构、压缩空气管道及栏杆、平台扶梯、电控等组成。

图2-23　布袋除尘器

布袋除尘器的布袋材质根据烟气组分和温度选择，主流的布袋材质为聚四氟乙烯（PTFE）+聚四氟乙烯（PTFE）覆膜。飞灰在布袋上聚集使布袋除尘器压差增大，当差压达到设定值时，依靠压缩空气脉冲打下飞灰，由底部螺旋出灰机排出。布袋除尘器下部装有电加热器，除尘器内温度过低时可自动加热，防止温度太低时设备低温腐蚀受损，及减轻飞灰结块、架桥现象。

工作原理为：含尘气体由进风总管经导流板使进风量均匀后通过进风调节阀进入各室灰斗，粗尘粒沉降至灰斗底部，细尘粒随气流转折向上进入过滤室，粉尘被阻留在滤袋表面，净化后的气体经滤袋口（花板孔上）进入清洁室，由出风口经排气阀至出风总管排出，而后再经引风机排至大气。

随着除尘器的运行，过滤烟气中所含粉尘、微粒因惯性冲击、直接截流、扩散及静电引力等在滤袋外侧表面形成滤饼。当压差大于仪表设定时则停止过滤，使用高压空气逆洗。当阻力增大至定值（如设定1200Pa），除尘器开始按分室停风进行脉冲喷吹清灰。由PLC可编程序电控仪按设定压差控制程序，逐室先关闭第一室排气阀，使该室滤袋处于无气流通过的状态，然后逐排开启脉冲阀以低压压缩空气对滤袋进行脉冲喷吹清灰，清落的粉尘集于灰斗，经由回转卸灰阀卸入下面的输灰系统。由于工艺的需要，除尘器的底部制成槽形，送入飞灰储仓。当该室滤袋清灰完后，开启排气阀，恢复该室的过滤状态，再对下一室逐室进行清灰。自控程序在确定清灰周期及两次清灰的大间隔时间后即转为定时进行控制。

带着较细粒径粉尘的烟气继续进入布袋除尘器。烟气由外经过滤袋时，烟气中的粉尘被截留在滤袋外表面，从而得到净化，再经除尘器内文氏管进入上箱体，从出口排出。附集在滤袋外表面的粉尘不断增加，使除尘器阻力增大，为使设备阻力维持在限定的范围内，必须定期消除附在滤袋表面的粉尘。布袋除尘器采用压缩空气清灰，从滤袋背面吹出，使烟尘脱落至下部灰斗。

应有效控制烟气进出口的温度，既防止结露现象产生，同时能延长滤布的使用寿命。布袋除尘器的外壳带有保温材料，外表面温度应小于50℃。防止降温过度滤袋结露堵塞和避免除尘器外壳的腐蚀。布袋使用耐高温达260℃的高温型材料 PTFE+PTFE 覆膜，防止因系统工况的变化损坏布袋。

2.4.6.5 排烟系统

烟气排放系统包括引风机和烟囱。引风机实现抽送系统烟气以维持炉膛的负压操作状态的功能，通过烟囱将净化达标的烟气排入大气。

A 引风机

引风机是确保整个焚烧工艺系统负压环境的设施，具有非常重要的作用，变频调节控制，引风机出口设消音器。

引风机功能是为焚烧系统提供负压，使烟气不外泄，为尾气流通提供动力，因此被认为是整个焚烧线的"心脏"。引风机运转的频率可以调控，自动变频调整风压，为系统提供操作所需的负压。

引风机叶轮片用耐腐蚀钢制作。通常采用316L不锈钢。

B 烟囱

烟囱为管式烟囱，由排烟筒、结构平台、横向制晃装置、竖向楼（电）梯和附属设施组成。

烟囱出口直径的确定，首先要恰当地选定烟囱出口的烟气流速，使烟囱在全负荷运行时不致因阻力太大，在最低负荷运行时不致因外界风力影响造成空气倒灌，烟气排不出去。对于引风机出力，烟囱出口流速全负荷时在 12~20m/s，最低负荷时在 2.5~3m/s，一般不宜取上述数值的上限，以便留有适当的余量。

烟囱材质可以为碳钢、玻璃钢、砖砌、混凝土等，上述材质均有工程应用。烟囱应进行防腐及保温处理，满足大气污染物的排放要求。

烟囱上设置取样孔和取样平台等辅助设施，安装烟气在线检测系统，监视排放烟气的品质并反馈控制烟气净化系统的运行。烟气在线监测装置检测焚烧炉所排放烟气中的烟尘、二氧化硫、氯化氢、一氧化碳、氮氧化物、含氧率、二氧化碳等。

2.4.6.6 出渣及飞灰系统

焚烧系统中的灰渣主要来源有焚烧炉渣、急冷塔、旋风除尘器及布袋除尘器的飞灰。其中灰分主要为烟气夹带的飞灰、烟气处理喷入的小苏打粉及活性炭。粉焚烧线产生的灰渣经收集后，应定期外运处置。

A 残渣输送

为了保证系统的连续稳定运行，必须将废物在回转窑内焚烧时产生的残渣及时清出，应在回转窑的尾部设立出渣机。燃烬的灰渣掉入出渣机内，由刮板将灰渣带出，经水冷方式冷却后再集中收集。

采用下回式刮板出渣机设在回转窑尾部，可自动排渣、出渣，炉渣冷却采用水冷方式，出渣温度小于50℃，同时保证出渣机密封。

集灰箱内注入冷却水，并形成水封隔断炉内外空气的相互渗透，槽底端设排污阀，箱内液位通过浮球阀自动控制。下设放水阀，便于清理出渣机。在出灰坑内设集水坑，用于收集出渣机内流出的水，泵送至污水处理站处理。

B 飞灰输送

余热锅炉、急冷塔、旋风除尘器、布袋除尘器产生的飞灰落入刮板输送机内集中输出，经收集后，送至飞灰间存放，定期外运处置。

2.4.6.7 耐火保温材料

烧炉是通过高温加热使危险废物干燥、热解、焚烧成熔融状态，在这些危险废物中，存在着对窑炉内衬造成侵蚀性破坏。所以，要求使用炉衬的耐火材料除具有耐高温性能外，同时要具有以下特点：

(1) 高强度和良好的耐磨性，以抵抗固体物料的磨损和热气流的冲刷；

(2) 好的化学稳定性，以抵抗炉内化学物质的侵蚀；

(3) 良好的热稳定性，以抵抗炉温的变化对材料的破坏；

(4) 好的抗 CO 侵蚀能力，以避免因 CO 侵蚀而引起炉衬崩裂等；

(5) 耐火及隔热、保温砖的使用寿命大于 16000h。

A 回转窑耐火保温材料

目前，在国内外危险废物焚烧工程中，回转窑采用的主要耐火砖主要有铬刚玉砖、碳化硅砖、高铝砖、刚玉制品、莫来石刚玉砖和高强度磷酸盐耐磨砖等，其性能指标和特性见表 2-12。

耐热温度高，即承受的工作温度高，密度大；耐压强度高；抗侵蚀性能、抗腐蚀性能好，即耐化学侵蚀的程度强；热震稳定性好，即承受温度变化造成的急冷急热性能好；原料纯度高，杂质少，高压成型，高温烧成致密性大，耐磨程度高。

表 2-12 铬刚玉砖性能指标和特性表

性　　能		指　　标
质量分数/%	Al_2O_3	80~85
	Cr_2O_3	3.5~5
	Fe_2O	0.8
体积密度 BD/g·cm^{-3}		2.9~3.2
耐火度/℃		1790
显气孔率/%		≤20
耐压强度 CCS/MPa		90~110
重烧线变化（1350℃×3h）/%		0.02
热震稳定性/次		45
耐磨性/mL		8.5

碳化硅砖性能指标和特性见表 2-13。

表 2-13 碳化硅砖性能指标和特性表

性能	MT-90	MT-80
SiC（不小于）/%	90	80
显气孔率（不大于）/%	15	18
体积密度（不小于）/g·cm^{-3}	2.55	2.5
耐压强度/MPa	100~120	80~85
荷重软化温度（不小于）/℃	1550	1530
导热系数/W·(m·K)$^{-1}$	16.6	11.0
热震稳定性（不小于）/次	35	30

较高的热震稳定性即承受温度变化造成的急冷急热性能好；抗腐蚀性能好，即忍受化学侵蚀的程度强；耐工作温度也较高。但致命弱点是抗氧化性能较差，碳化硅在 800~1140℃ 之间抗氧化能力差，在有氧气存在的工作气氛中使用，会被慢慢氧化，以致整体损坏。

高铝砖性能指标和特性见表 2-14。

表 2-14 高铝砖性能指标和特性表（GB 2988—87）

项　　目	一级高铝		二级高铝	三级高铝
	LZ-75	LZ-65	LZ-55	LZ-48
Al_2O_3（不小于）/%	75	65	55	48
耐火度（不小于）/℃	1790		1770	1750

续表 2-14

项　　目		一级高铝		二级高铝	三级高铝
		LZ-75	LZ-65	LZ-55	LZ-48
0.2MPa 荷重软化开始温度 $T_{0.6}$（不小于）/℃		1520	1500	1470	1420
重烧线变化/%	1500℃×2h	+0.1		−0.4	−0.4
	1450℃×2h	—			+0.1 −0.4
显气孔率（不大于）/%		23		22	
常温耐压强度（不小于）/MPa		53.9	49.0	44	40

由于显气孔率一般在 22% 左右，不是很致密，其耐剥落性、耐侵蚀性一般；一般高铝砖因原料纯度一般，杂质较多，故承受苛刻的工作环境不够理想，使用寿命受到限制。

刚玉制品性能指标和特性见表 2-15。

表 2-15　刚玉制品性能指标和特性表

性　　能		GY-85	GY-95
质量分数/%	Al_2O_3（不小于）	85	95
	Fe_2O_3（不大于）	0.5	0.3
显气孔率（不大于）/%		21	20
体积密度/$g \cdot cm^{-3}$		3.0	3.2
耐火度/℃		1790	1790
耐压强度/MPa		（不小于）80	80~90
荷重软化开始温度（不小于）/℃		1530	1550
重烧线变化/%（1550℃×3h）		0.3	0.2

致密性、强度同铬刚玉砖相近，使用温度也较高，但其抗剥落性能较刚玉砖差，虽然同刚玉砖均为中性惰性耐火材料，一般不与其他材料发生化学反应，但刚玉砖中由于加入 Cr_2O_3，更增加了材料的惰性，其耐化学侵蚀性能更好。

莫来石刚玉砖性能指标和特性见表 2-16。

表 2-16　莫来石刚玉砖性能指标和特性表

性　　能		指　　标
体积密度（不小于）/$g \cdot cm^{-3}$		2.65
质量分数/%	Al_2O_3	75~80
	Fe_2O_3	1.5

性　　能	指　　标
耐火度（不小于）/℃	1790
荷重软化开始温度（不小于）/℃	1600
耐压强度/MPa	95～100
显气孔率（不大于）/%	18
热震稳定性（cycles，不小于）	15
线变化率（1600℃×3h，不大于）/%	1.0

一般莫来石砖介于优等高铝砖和刚玉砖之间，合成原料莫来石砖性能高于优等高铝砖、抗急冷急热性能相近于碳化硅砖和铬刚玉砖，抗氧化性能优于碳化硅砖，差于铬刚玉砖，抗化学侵蚀性差于铬刚玉砖。

高强度磷酸盐耐磨砖性能指标和特性，见表 2-17。

表 2-17　高强度磷酸盐耐磨砖性能指标和特性表

性　　能		P	PA
质量分数/%	Al_2O_3（不小于）	75	77
	Fe_2O_3（不大于）	3.2	3.2
	CaO（不大于）	0.6	0.6
耐压强度（不小于）/MPa		70	75
体积密度（不小于）/g·cm^{-3}		2.6	2.6
荷重软化温度 $T_{0.6}$（不小于）/℃		1350	1300
耐火度（不小于）/℃		1780	1780

一种不烧制品（烘烤温度在 500℃ 左右），与工业磷酸结合的高铝砖，低温强度较高，由于加入工业氧化铝粉或刚玉砂，其耐磨性能较好，抗侵蚀性能、抗腐蚀性能相近于高铝砖。

B　二燃室耐火保温材料

二燃室典型内衬 550mm 厚的耐火材料，其中二燃室最内层为 230mm 厚的耐火材料含有 75% Al_2O_3 耐火砖，中间层为两层 115mm 厚的高强漂珠砖，外层为 90mm 厚的硅酸钙板。在壳体外有 30mm 厚保温棉对壳体进行保温，最外层表面温度在 55℃ 左右，减少炉体的热量损失。

高铝质耐火砖的理化指标，见表 2-18；高强漂珠砖理化指标见表 2-19；硅钙板理化指标见表 2-20。

表 2-18　高铝质耐火砖的理化指标

项　目	指　标			
	LZ-75	LZ-65	LZ-55	LZ-48
Al_2O_3（不大于）/%	75	65	55	48
耐火度（不大于）/℃	1790		1770	1750
0.2MPa 荷重软化开始温度（不大于）/℃	1520	1500	1470	1420
重烧新型变化/% 　1500℃，2h	+0.1 −0.4			
1450℃，2h				+0.1 −0.4
显气孔率（不大于）/%	23		22	
常温耐压强度（不小于）/MPa	53.9	49.0	44.1	39.2

表 2-19　高强漂珠砖理化指标

项　目	PG-0.9	PG-0.7	PG-0.5
体积密度（不大于）/$g \cdot cm^{-3}$	0.9	0.7	0.5
常温耐压强度（不大于）/MPa	5	4	2.4
重烧新型变化不大于2%的实验温度/℃	1150	1100	1050
热导率（平均温度350℃±25℃，不大于）/$W \cdot (m \cdot K)^{-1}$	0.50	0.45	0.35

表 2-20　硅钙板理化指标

项　目	数　值
体积密度（不大于）/$g \cdot cm^{-3}$	0.24
抗压强度/MPa	0.414
抗弯强度/MPa	0.31
热导率/$W \cdot (m \cdot K)^{-1}$	0.065~0.136
线收缩率/%	2.0~2.5

C　二燃室炉顶耐火保温材料

考虑到二燃室炉顶结构耐火材料的施工工艺及工况，炉顶耐火材料施工采用吊挂结构。其耐火材料典型组成为最内层含60%Al_2O_3耐热砖，厚度为250mm，中间层为隔热砖70mm，外层为保温砖65mm。在壳体外有30mm保温棉对壳体进行保温，减少热量损失。具体性能指标可参考行业标准。

D　烟道耐火保温材料

烟道根据不同部位采取不同的材料和保温防腐措施。在高温段采用外部钢板，内部用耐火浇注料保温防腐。低温段采用钢板加外保温。具体性能指标可参考行业标准。比如烟气从二燃室进入余热锅炉所经过的烟道其耐火材料组成为最内层含60%Al_2O_3耐热砖，厚度为250mm；中间层为隔热砖70mm，外层为保温砖65mm。在壳体外有30mm保温棉对壳体进行保温，减少热量损失。

　　E　余热锅炉耐火保温材料

　　余热锅炉外部保温可采用岩棉、石棉泥。绝热炉膛用耐磨浇注料、岩棉、石棉泥。通过上述措施，锅炉外表面温度不大于50℃。

2.5　炭化工艺设备描述

2.5.1　炭化工艺原理

　　炭化是焚烧的一种方式。炭化又称干馏、焦化，是指固体或有机物在隔绝空气条件下加热分解的反应过程或加热固体物质来制取液体或气体（通常会变为固体）产物的一种方式。这个过程不一定会涉及裂解或热解。冷凝后收集产物与通常蒸馏相比，这个过程需要更高的温度。使用干馏可以从炭或木材中提取液态的燃料。干馏也可以通过热解来分解矿物质盐，例如，对硫酸盐干馏可以产生二氧化硫和三氧化硫，溶于水后就可以得到硫酸；对煤干馏，可得焦炭、煤焦油、粗氨水、煤气。

　　由于动物中大部分为脂肪和蛋白质，因此，病死动物的炭化过程大部分是脂肪和蛋白质的热解过程。

2.5.2　炭化工艺要求及注意事项

2.5.2.1　工艺

　　病死及病害动物和相关动物产品投至热解炭化设备，在无氧情况下经充分热解，产生的热解烟气进入二次燃烧室继续燃烧，产生的固体炭化物残渣经热解炭化室排出。

　　为确保燃烧充分，要求热解温度应≥600℃，二次燃烧室温度≥850℃，焚烧后烟气在850℃以上停留时间≥2s。

　　烟气经过热解炭化室热能回收后，降至600℃左右，经烟气净化系统处理，达到《大气污染物综合排放标准》GB 16297要求后排放。

2.5.2.2　操作注意事项

　　应检查热解炭化系统的炉门密封性，以保证热解炭化室的隔氧状态。

　　应定期检查和清理热解气输出管道，以免发生阻塞。

　　热解炭化室顶部需设置与大气相连的防爆口，热解炭化室内压力过大时可自动开启泄压。

应根据处理物种类、体积等严格控制热解的温度、升温速度及物料在热解炭化室里的停留时间。

2.5.3 炭化设备

针对病死动物热解炭化反应的特点，要彻底实现病死动物无害化处理，保证热解炭化反应的稳定进行，热解炭化反应设备应有如下特点：

（1）温度易控制，炉体本身要起到阻滞升温和延缓降温的作用。

（2）反应是在无氧或缺氧条件下进行，反应器顶部及炉体整体密封条件必须要好。

（3）对原料种类、粒径要求低，无需预处理，原料适应性更强。

（4）反应设备容积相对较小，加工制造方便，故障处理容易、维修费用低。

目前市场上针对病死动物尸体炭化的处置设施比较少，下面介绍其中一种处置装置（见图 2-24）。

图 2-24 是一种动物尸体炭化装置的气体处理系统，包括：动物尸体进行热解炭化的炭化室、用以提供炭化室热量的燃烧室和气体通路，其中，炭化室内部设置有炭化罐，炭化室外壁内与炭化罐外侧的空间构成用以加热或冷却炭化罐的换热区；气体通路包括：将燃烧室内产生的烟气引入到换热区内的烟气进口道，将换热区内的烟气排出的烟气出口和设置在燃烧室引入助燃气体的进气口；炭化室与燃烧室通过烟气进口道连通。气体通路还包括，将炭化罐内的热解气导入到燃烧室内的热解气导管。热解气导管包括：与炭化罐连通的进口端、通入燃烧室内的出口端以及进口端与出口端之间的连通段。

上述分置的炭化室和燃烧室，通过烟气进口道，将燃烧室产生的烟气均匀导入换热区，有利于炭化罐的均匀受热，提高了热效率；在对炭化罐加热进行动物尸体热解过程中，会产生可燃的挥发性气态物，通过热解气导管将其导入燃烧室进行燃烧处理，可以消除污染物，同时其燃烧产生的热能可返还到炭化室，提高了热利用率。

炭化室和燃烧室连接处形成一个连接面，烟气进口道与热解气导管均穿过该连接面。该结构可以使得烟气进口道无需采用管道布置，直接在炭化室和燃烧室的连接墙体开设通道即可，节省了材料，并且降低了热损失。此外，还可以保证热解气在热解气导管中始终处于高温状态，避免了热解气在传输中降温阻塞热解气导管，减轻了热解气在传输过程中的热损失。该结构使得连通段的材质要求降低，并且更加方便了热解气导管的维护与维修。热解气导管的出口端还设置有弯向燃烧室的底部的延伸段，使得热解气在燃烧室内的燃烧更加彻底。延伸段的底部还设置有带有多个气体出口孔的水平导管，用以进一步提高热解气在燃烧室内

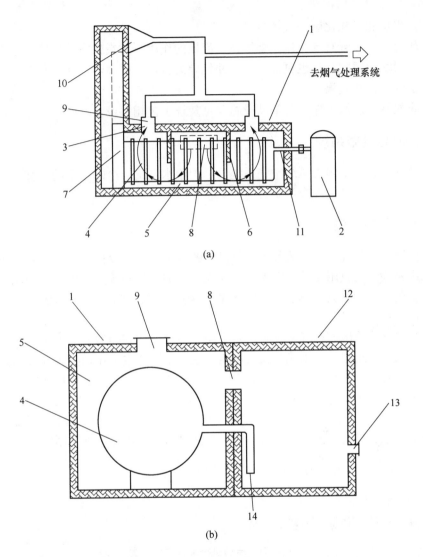

图 2-24 一种动物尸体炭化装置

1—炭化室；2—降温气罐；3—气体通路；4—炭化罐；5—换热区；6—导流板；7—炉门；8—烟气进口；
9—烟气出口；10—吸烟罩；11—降温管；12—燃烧室；13—助燃气体进气口；14—热解气导管

的均匀扩散，提高热解气的燃烧率。炭化室还设置有降温管，降温管的一端通入炭化罐内，另一端连接有降温气罐，在炭化过程中，热解气可能上升到过高温度，导致热解气在通入燃烧室后温度过高，从而引起燃烧温度过高，降温气罐内存有低温的氮气或其他低温的不可燃且不助燃的气体。当热解气气温过高时，通过降温管向炭化罐内通入降温气罐内的低温气体，从而保证温度。此外，在高温打开炉门时，也可以通过降温管充气，将炭化罐温度控制在 500℃ 以下，防止炭化罐内甲烷和一氧化碳等气体自燃。

炭化室内设置有导流板，烟气在导流板的作用下对炭化室的冲刷效果更加均匀，使得炭化罐的受热也更加均匀，并且导流板还能提高烟气在炭化室的驻留时间，加强了换热效果。

余热利用、烟气净化及辅助设施参见焚烧工艺相关设备。

2.6 辅助设施系统

辅助设施主要包含压缩空气系统、锅炉给水系统、冷却水系统、焚烧线自控系统、实验室及其他配套设施。

2.6.1 压缩空气系统

压缩空气系统是为工艺装置提供足够的压缩空气，以保证工艺装置的正常运行。主要分为工业用压缩空气系统和仪表用压缩空气系统，其中工业用压缩空气用于工艺（气力输送、蒸汽-空气清焦）、清扫及置换等，仪表用压缩空气系统用于仪表系统。

由于仪表用压缩空气系统必须是干燥、不含杂质和油的，以保证仪表的可靠运行，工业用压缩空气系统和仪表用压缩空气系统通常采用两根独立的总管。为了防止仪表用压缩空气系统或仪表中压缩空气产生冷凝，仪表用压缩空气的露点要低于建厂地区最低户外温度10℃（按干燥周期末端空气的最大湿度计算）。

由于仪表用气质量高于工业用气，在焚烧工艺中，若无气力输送系统，全厂压缩空气也可以均按仪表用气的品质，全部供给工业用气和仪表用气。

2.6.1.1 压缩机的选用

A 压缩机的分类

（1）按照工作原理分类，见表2-21。

表2-21 压缩机按工作原理分类

压缩机	容积式	往复式	活塞式
			隔膜式
			斜盘式
			自由活塞
		回转式	螺杆式
			罗茨式
			液环式
			滑片式
			回转活塞

压缩机	流体动力式	透平式	离心式
			轴流式
			混流式
		喷射式	

（2）按照排气压力分类，见表 2-22。

表 2-22　压缩机按排气压力分类

名　　称	压力/bar
鼓风机	<3
低压压缩机	3~10
中压压缩机	10~100
高压压缩机	100~1000
超高压压缩机	>1000

B　压缩机的选用要求

（1）必须满足气量、压力温度等工艺参数的要求。

（2）必须满足现场安装条件的要求。

1）安装在有腐蚀性气体存在场合的压缩机，要求采取防大气腐蚀的措施。

2）装在室外环境温度低于-20℃以下的压缩机应采用耐低温材料。

3）安装在爆炸性危险环境内的压缩机，其防爆电动机的防爆等级应符合爆炸性危险环境的区域等级。

（3）压缩机应保证用户电源电压、频率变化范围内的性能。

（4）确定压缩机型号和制造厂时，应综合考虑压缩机的性能、能耗、可靠性、价格和制造规范等因素。

C　压缩机的特点

压缩机的特点及其比较见表 2-23。

表 2-23　压缩机特点

类型	特　　点
往复式压缩机	适用于中小气量，大多数采用电动机拖动，一般不调速，气量调节通过补助容积装置或顶开进气阀装置，功率损失较大，压力范围广泛，尤其适用于高压和超高压，性能曲线陡峭，气量基本不随压力的变化而变化；排气不均匀，气流有脉动；绝热效率高；机组结构复杂，外形尺寸及质量大；易损件多，维修量大
离心式压缩机	适用于大中气量；要求介质为干净气体；高转速时常采用汽轮机或燃气轮机拖动；气量调节常通过调速实现，功率损失小；压力范围广泛，适用于高中低压；性能曲线平坦，操作范围较宽；排气均匀，气流无脉动；体积小，质量轻；连续运转周期长，运转可靠；易损件少，维修量小

类型	特　点
轴流式压缩机	适用于大气量；要求介质为干净气体；高转速时常采用汽轮机或燃气轮机拖动；气量调节常通过调速实现，也可采用可调导叶和静叶，功率损失小；适用于低压；性能曲线陡峭，操作范围较窄；排气均匀，气流无脉动；体积小，质量轻；连续运转周期长，运转可靠；易损件少，维修量小
螺杆式压缩机	适用于中小气量，或含尘、湿、脏的气体；大多数采用电动机拖动；气量调节可通过滑阀调节或调速来实现，功率损失较小；适用于中低压；性能曲线陡峭，量基本不随压力的变化而变化；排气均匀，气流脉动H往复式压缩机小得多；绝热效率较高；机组结构简单，外形尺寸和质量小；连续运转周期长，运转可靠；与往复式压缩机相比，无气阀和活塞环等，易损件多；与离心式压缩机相比，无喘振

2.6.1.2　螺杆式压缩机

在焚烧系统中，最常用的是螺杆式压缩机，下面简单介绍其工作原理。

螺杆式压缩机属于容积式压缩机，气量基本不随压力的变化而变化。根据其运行方式可分为无油螺杆压缩机、喷油螺杆压缩机和喷水螺杆压缩机。

A　螺杆式压缩机的主要性能指标

（1）额定排气量 $[Q]$。压缩机在特定进口状态下的排气量。常用单位 m^3/min，m^3/h。

（2）额定排气压力 $[P_d]$。压缩机铭牌上标注的排气压力，常用单位 MPa，bar。

（3）压力比。压缩机齿间容积与排气孔口即将连通之前，齿间容积内的气体压力称内压缩终了压力。内压缩终了压力与进气压力之比，称为内压力比。排气管内的气体压力称为外压力或背压，它与进气压力之比，称为外压力比。一般要求内外压力比相等或相近，以获得较高的效率，减少压力损失。

（4）排气温度 T_d。

1）干式螺杆压缩机的排气温度：

$$T_d = T_s \varepsilon^{\frac{m-1}{m}}$$

式中　T_s——螺杆式压缩机的进气温度，K；

　　　ε——压力比，$\varepsilon = p_d/p_s$；

　　　m——多变指数。

2）喷油螺杆压缩机的排气温度：

由压缩机功耗、被压缩气体的比热容，以及喷入油量共同决定，不是由工作压力比和介质物性决定。

（5）多变指数。

$$m_j = \cfrac{\cfrac{k_j}{k_j - 1}\eta_{pj}}{\cfrac{k_j}{k_j - 1}\eta_{pj} - 1}$$

式中　k_j——j 段的平均绝热指数；

　　　η_{pj}——j 段的平均多变效率。

（6）功率。

1）螺杆式压缩机的绝热功率 N_{ad} 计算方法如下：

$$N_{ad} = \sum_{j=1}^{n}\left[1.634 p_{sj} V_j \frac{k}{k-1}\left(\varepsilon_j^{\frac{k-1}{k}} - 1\right)\frac{Z_{sj} + Z_{dj}}{2Z_{sj}}\right]\text{kW}$$

式中　p_{sj}——螺杆式压缩机 j 级的进气压力，bar（A）；

　　　V_j——j 级的进气容积，m^3/min；

　　　ε_j——j 级的压力比，$\varepsilon_j = p_{dj}/p_{sj}$；

　　　k——绝热系数；

　Z_{sj}，Z_{dj}——j 级的进排气状态下的压缩性系数，但压力小于 20bar 时，可认为

$$\frac{Z_{sj} + Z_{dj}}{2Z_{sj}} = 1。$$

　　轴功率 N_{sh} 计算方法如下：

$$N_{sh} = \cfrac{\sum_{j=1}^{n}\left[1.634 p_{sj} V_{hj}\lambda_{vj}\frac{k}{k-1}\left(\varepsilon'_j{}^{\frac{k-1}{k}} - 1\right)\frac{Z_{sj} + Z_{dj}}{2Z_{sj}}\right]}{\eta m}\text{kW}$$

式中　　　p_{sj}——螺杆式压缩机 j 级的进气压力，bar（A）；

　　　V_{hj}——j 级的行程容积，m^3/min；

　　　ε'_j——j 级气缸内实际的压力比，$\varepsilon'_j = p'_{dj}/p'_{sj}$；

　p'_{dj}，p'_{sj}——j 级气缸内实际的排气压力；

　　　λ_{vj}——j 级的容积系数；

　　　k——绝热系数；

　Z_{sj}，Z_{dj}——j 级的进排气状态下的压缩性系数，但压力小于 20bar 时，可认为

$$\frac{Z_{sj} + Z_{dj}}{2Z_{sj}} = 1。$$

2）螺杆式压缩机的绝热效率：

低压力比，大气量时，$\eta_{ad} = 0.75 \sim 0.85$，高压力比，小气量时，$\eta_{ad} = 0.65 \sim 0.75$。

3）驱动机功率 $N_d \geqslant 110\% N_{sh}$。

B　螺杆式压缩机选型的基本原则

（1）应根据给定气体组分核算比热容、压缩性系数及其他压缩机设计所需的气体物性参数。

（2）应保证额定工况下的流量和压头无负容差，轴功率容差在 +4% ~ 0 之间。

（3）轴承应采用压力润滑。径向轴承应是套筒式或可倾瓦式，水平剖分结构，钢质壳体带可更换的衬里或瓦块。止推轴承应是扇形瓦块式，能承受两个方向的轴向推力。

（4）应对压缩机及压缩机-驱动机组进行临界转速分析。如临界转速与操作转速的隔离裕度不满足标准中的规定值时，转子应进行高速动平衡试验。

（5）应对压缩机及压缩机-驱动机组的各组件进行扭转分析，其共振频率至少应低于操作转速10%或高于脱扣转速10%。

（7）驱动机的铭牌额定值按能连续地输出最大功率计，至少应为压缩机额定轴功率（包括传动损失）的110%。

（8）螺杆式压缩机在进出口和其他任何排气管道上，一般都应装吸收式消声器。如果需要，还应设置隔声罩。

（9）在所有规定的运行条件范围内，包括启动和停车，轴封应能防止工艺气体向大气泄露或密封介质向压缩机内泄漏。密封应适应于启动、停车的各种其他特殊运行时进口条件的变化。

（10）机组性能必须满足并能在规定的操作下连续安全运转。其使用寿命最少为20年且不间断连续操作最少为3年。

（11）齿轮箱应符合 API613 的要求，其额定值至少应为被驱动压缩机的额定功率的110%。

（12）润滑和密封油系统应符合 API614 的要求。

（13）联轴器应符合 API671 标准的规定。

2.6.2　锅炉给水系统

2.6.2.1　锅炉给水系统

锅炉给水系统为余热锅炉提供所需的软化水。锅炉给水的水源，可以是厂内水站提供的除盐水，也可以是蒸汽冷凝水。锅炉给水的水质应符合《工业锅炉水质》（GB/T 1576—2008）的要求，不同供汽压力锅炉给水水质要求详见表2-24。

表 2-24　锅炉给水的水质要求

额定蒸汽压力	$P\leqslant 1.0$		$1.0<P\leqslant 1.6$		$1.6<P\leqslant 2.5$		$2.5<P<3.8$	
补给水类型	软化水	除盐水	软化水	除盐水	软化水	除盐水	软化水	除盐水
浊度/FTU	$\leqslant 5.0$	$\leqslant 2.0$	$\leqslant 5.0$	$\leqslant 2.0$	$\leqslant 5.0$	$\leqslant 2.0$	$\leqslant 5.0$	$\leqslant 2.0$
硬度/mmol·L^{-1}	$\leqslant 0.030$	$\leqslant 0.030$	$\leqslant 0.030$	$\leqslant 0.030$	$\leqslant 0.030$	$\leqslant 0.030$	$\leqslant 50\times 10^{-3}$	$\leqslant 50\times 10^{-3}$
pH 值（25℃）	7.0~9.0	8.0~9.5	7.0~9.0	8.0~9.5	7.0~9.0	8.0~9.5	7.5~9.0	8.0~9.5
溶解氧/mg·L^{-1}	$\leqslant 0.10$	$\leqslant 0.10$	$\leqslant 0.10$	$\leqslant 0.05$	$\leqslant 0.05$	$\leqslant 0.05$	$\leqslant 0.05$	$\leqslant 0.05$
油/mg·L^{-1}	$\leqslant 2.0$	$\leqslant 2.0$	$\leqslant 2.0$	$\leqslant 2.0$	$\leqslant 2.0$	$\leqslant 2.0$	$\leqslant 2.0$	$\leqslant 2.0$
全铁/mg·L^{-1}	$\leqslant 0.30$	$\leqslant 0.30$	$\leqslant 0.30$	$\leqslant 0.30$	$\leqslant 0.30$	$\leqslant 0.10$	$\leqslant 0.10$	$\leqslant 0.10$
电导率（25℃）/μS·cm^{-1}	—	—	$\leqslant 5.5\times 10^{2}$	$\leqslant 1.1\times 10^{2}$	$\leqslant 5.0\times 10^{2}$	$\leqslant 1.0\times 10^{2}$	$\leqslant 3.5\times 10^{2}$	$\leqslant 80.0$

2.6.2.2　软水或除盐水制备系统

大部分蒸汽采用的是软水器制备软水。低压锅炉水质，可采用全自动软水器制备软水。要求较高的，需要设置除盐水系统。制备的软水进入软化水箱。软化水箱起到缓冲锅炉用水的需要。

全自动软水器，可定时、定流量自动再生，出水质量高，结构紧凑、安装占地面积小，属于免维护设备，经过处理的水质达到低压锅炉水质标准要求。

除盐水系统可参考生活垃圾焚烧厂除盐水系统设计。

2.6.3　冷却水系统

冷却水系统为成套装置，主要供窑头、液压站、引风机等设备冷却，由空气冷却塔降温后循环使用。冷却水系统可以采用水冷形式或者风冷形式。

冷却水为冷却器、冷凝器、泵、压缩机以及需冷却的工艺设备提供冷却介质，根据工艺装置中各用户的热负荷和冷却水的进出口温度计算冷却水消耗量，并计算工艺装置冷却水平衡，得到冷却水总消耗量，冷却水系统的设计量以冷却水总消耗量的 125% 为宜。

每个用户的冷却水管管径根据水量和允许的压力降确定；对于用户较多、比较复杂的冷却水系统，每个用户的进水管由区域冷却水进水支总管提供，进水支总管由区域冷却水进水总管提供。同时每个用户的回水管合并成一根区域回水支总管，区域回水之总管再合并成回水总管，回到排放口或冷却水塔。

冷却水的进、回水总管，区域进、回水支总管（必要时）应设置温度、压力指示。

根据当地气象条件、冷却水量及水温要求，经计算选用合理规模的方形逆流机力冷却塔或者自然通风冷却塔。

为保证水质和节约用水，需要对循环水进行杀菌和缓蚀阻垢处理。常采用二氧化氯杀菌和磷酸盐作为缓蚀阻垢剂，在循环水泵房的加药间内布置。为提高浓缩倍数，节约用水，采用旁滤水处理措施，选用重力式无阀滤池，处理量为循环水量的 1%~5%。

2.6.4 焚烧系统自控系统

2.6.4.1 自控系统的意义

焚烧自动控制系统是废物焚烧工程的一个重要组成部分，其目的是为了通过高度自动化的控制设备以及结合先进的废物焚烧方法，既能使处理出来的废物达到所要求的标准，同时又达到节省人力、物力和财力的目的。控制系统建设充分利用数字化信息处理技术、网络通讯技术和工业控制技术，使焚烧自动控制的处理过程、处理参数、计量和管理等系统运行实现数字化和网络化，使废物焚烧工程的生产与经营管理具有更高的效率和效益，达到显著提高生产资源优化配置水平。

危险废物焚烧的一个主要挑战是变化繁多的废物组分，引入成熟的控制系统，有助于改进过程控制，使焚烧过程在时间（改进稳定性）和空间（更加均一）上变化较少。改进过程控制有许多潜在的好处，例如：更好的底灰质量；产生较少飞灰；更好的飞灰质量；较少 CO 和 C_xH_y 形成；较少 NO_x 形成；更好地利用容量；改善能量效率；完善锅炉操作；更好地操作烟气处理系统；明显的优点是减少工厂维护并增加设备利用率。

为了控制焚烧过程，必须设计控制系统并且有必要调整过程，而且整体控制系统的设计取决于每个供应商焚烧炉的设计。

2.6.4.2 控制系统基本要求

自控系统采用现场分散式控制系统（DCS），整个系统分为三级，包括中央控制室、各个分控终端及现场在线测量仪表。现场各种数据通过 PLC 采集，并通过现场高速数据总线传送到焚烧车间中控室集中监视和管理。同样，中控室主机的控制命令也通过上述高速总线传送到现场 PLC 的测控终端，实施各单元的分散控制。

焚烧车间控制系统包括焚烧和烟气净化 PLC 控制系统。主控制室内设置两台工控机，一台为操作人员站作实时显示，对各分站监控管理；一台为工程师站作数据处理，配一台彩色打印机以供数据报表打印使用。

系统的控制分为远程控制与就地控制：

（1）远程控制。当控制柜方式选择开关被切换到远程控制后，操作人员可选择自动或手动控制方式。在自动方式下，PLC 按联动、联锁各种逻辑关系控制设备的启动停止。中控室操作人员可根据现场情况向下发出调度控制指令，调整设备运行状态达到工艺要求。中控室操作人员也可以选择远程手动方式，直接手动控制单个现场设备。

（2）就地控制。就地控制级别高于远程控制。当控制柜方式选择开关被切换到就地自动控制，控制中心的调度控制指令被封锁，设备在 PLC 的控制下自动运行。在就地手动方式下，现场操作人员通过控制柜上手动按钮启动停止设备，控制柜提供基本控制联锁。

系统主要有以下自动控制对象：

1）自动燃烧控制：焚烧炉燃烧自动调节主要包含炉膛温度和压力的调节以及控制合理的废物量与空气的配比。

2）炉膛温度控制。

3）压力控制：为了防止炉内烟气外溢，焚烧炉是在微负压（$-20\sim0Pa$）下运行的，在炉膛内安装压力检测点反馈控制鼓风机、引风机的动作。

4）焚烧炉燃烧空气控制；焚烧炉出口烟气温度监视；燃烧器控制及监视；通过调节炉内烟气温度及烟气含氧量控制燃烧速率；炉膛负压控制；焚烧炉出口含氧量与空气流量联动控制；除尘器入口烟气温度控制旁路阀门及冷风掺入阀门的开度；除尘器反吹风脉冲阀控制；脱酸喷送系统的控制；尾气系统烟气排放的在线检测；排烟温度控制；药剂储仓、活性炭储仓料位控制；引风机出口烟气温度和阀门开度的控制和监测；烟囱 O_2、NO_x、SO_2、温度、压力、CO、烟尘、HCl 等参数的在线监测。

（3）电视监视。因焚烧技术较复杂、生产自动化程度高，为加强生产过程的科学管理与准确操作，将设置一套监视电视系统。

主要监视内容包括：在焚烧车间进料、焚烧炉等处设置全天候、防尘、防潮和耐高温腐蚀、保护的各种摄像头，信号送到焚烧车间的监控室内的监视器显示，以便更好更清晰直观了解各工艺流程中生产和安全情况，及时处理和记录事故问题，提高科学管理水平。

2.6.4.3　典型控制系统示意

项目设置全中心集中控制室，对整套焚烧工艺系统采用一套 PLC 集中监视和控制。在集中控制室内以彩色显示器的键盘作为主要的监视和控制手段，同时还设有紧急按钮和少量的常规仪表，以便进行紧急停炉操作。在控制室设置有工业电视，可对焚烧线重要部位进行监视。同时，对一些相对独立的辅助系统，如急冷系统、除尘系统等，采用独立的控制设备（PLC）实现其控制，同时就地配置电控柜用于启动、调试和运行时的监视和操作，采用硬接点方式将辅助系统与集中控制室连接，正常运行时，在集中控制室完成各辅助系统的监控。

配置有在线温度检测装置和在线气体成分检测装置等在线检测器（氧、二氧化碳、一氧化碳、硫化物、氮氧化合物、氯化物、氟化物、挥发性有机化合物、颗粒物、炉气流量、炉内各段温度、回转窑旋转速度、碎肉块输送泵的输送量、各燃烧器的工况、炉内各处压力等），并且这些装置将数据即时传输到中央控制系统供控制系统作为控制依据。

（1）病死动物尸体接收系统。动物尸体接收系统由装载机构、提升机构、装入机构及液压系统等组成，可由控制室集中控制或由现场手动控制，具有动物尸体自动称重装置，质量实时显示并自动保存。

（2）动物尸体无害化切割装置。切割装置将接收系统装入的动物尸体进行切割粉碎，切割机可切割如牛一样的大型动物，也可接收用聚丙烯编织袋等包装的动物尸体，不会在切割过程中产生缠绕堵塞等故障。切割过程中有监控装置全程监控，控制分手动和自动控制，可设定切割时间，切割过程中故障信息在中控电脑上提示。

（3）封闭式自动推料机系统。自动推料机系统负责将切割完成的碎肉块自动定时定量送入焚烧炉内进行焚烧，推料输送泵由变频器自动控制，在中央控制室控制下，根据设定的加料时间和加料量自动加料，系统实时控制泵的运行状态，出现故障及时报警，也可切换至手动状态进行手动控制。

（4）回转式焚烧系统。回转焚烧系统是整个焚烧炉的核心设备，适用于动物无害化集中处理，该设备有以下特点：

1）可同时焚烧固体废物、液体、胶体、气体，对焚烧物适应性强。

2）焚烧物料翻腾前进，三种传热方式并存一炉，热利用率较高。

3）传动机理简单，传动机构在窑外壳，设备维修简单。

4）对焚烧物形状、含水率要求不高。

5）焚烧物料在回转窑内停留时间长和800℃以上的高温，使危险废物基本燃尽。

6）二次燃烧室强烈的气体混合使得烟气中未完全燃烧物完全燃烧，达到有害成分分解所需的高温，高温区烟气停留时间大于2s。从源头避开了产生二恶英的工况区。

7）良好的密封措施和炉膛负压，保证有害气体不外泄。

8）炉膛负压由引风机通过变频器控制，根据设定的负压值，PLC根据炉膛内实际负压，通过PID控制模式，自动控制引风机转速，使炉膛内负压保持设定负压。回转窑转速由变频器控制，根据焚烧工艺要求设定回转窑转速。

9）回转窑在运转过程中由中央控制室实时监控炉内温度及燃烧状况等参数，控制整个燃烧室保持在最佳状态运行，出现故障及时报警，提醒操作人员及时处理。

（5）热量回收系统。热量回收系统以余热锅炉为核心，控制系统控制各水泵的运行，锅炉汽包高低液位、蒸汽超压等。

（6）尾气处理系统。在焚烧炉工作时，高温烟气在引风机吸引力作用下由烟道进入急冷塔，在急冷塔中被降温处理后进入布袋除尘器，布袋除尘器将烟气中的大量烟尘吸收，干净的烟气由管道排入大气中。

急冷塔是一种高效烟气冷却设备，广泛用于布袋除尘器前，其功能是将高温烟气温度降至可接受的范围内。

控制系统控制急冷塔操作运行的参数主要是出口烟气温度，当出口温度高于设定的温度值时，系统开始启动，经内运算后向塔内喷入一定量的雾化水。其原理是将液态的水和压缩空气在特制的喷嘴内雾化成微小的颗粒后，喷入塔内，水雾在高温烟气中迅速蒸发，吸收烟气的大量热量，将烟气温度降低，根据出口温度自动调节喷雾量的大小，使塔内出口温度保持在设定的范围内。

（7）焚烧残渣收集系统。焚烧时产生的残渣通过链渣机和螺旋输送机输送至垃圾回收箱集中处理。控制系统根据残渣情况控制链渣机和螺旋输送机的运转，确保残渣及时输送至垃圾回收箱。

2.6.5 实验室

实验检测是单位实施科学管理不可缺少的重要环节。它具有如下职责：

（1）分析检测病死动物样本；

（2）及时对污水、烟气和灰渣等常规指标监测和分析；

（3）对处理中心各生产部门和工段实行监测，以利于生产环节的严格管理，确保"三废"达标排放；

（4）协助处理中心进行新工艺的研究、开发和试验，以增强处理中心可持续发展的动力。

2.6.6 其他配套设施

（1）更衣消毒设施。生产区与管理区之间必须设置更衣消毒设施，工作人员由管理区进入生产区时，必须经更衣消毒间更换工作防护服；由生产区进入管理区时，必须经过更衣消毒间消毒池，更换工作服和鞋子，淋浴换衣后方能进入生产区。

（2）维修车间。为保证生产正常运行，设置维修车间，满足车辆设备日常维护和小规模维修的要求。

（3）仓库。物资仓库按功能可分为固定资产仓储区、兽医环保设施仓储区、机修零件仓储区。主要存储兽医防疫（消毒剂、防疫服、消毒设施等）物资、环保监测设备以及突发疫情时等紧急情况的应急物资。

（4）接收室。接收室用于管理进入中心的病死动物收集车辆及接收需要火化处理的物料。病死动物收集车辆经地衡称重计量，领取接受票据后才能进入焚烧车间。计量室的机房内设置工作站，处理中心的废物接受量数据可由此上传至综合楼的监控室。

（5）车辆清洗消毒设施、收集车辆停车场。应设置车辆清洗机和车辆消毒机。收集车辆完成卸料后，须经清洗消毒处理方可离开处理中心。车辆两侧墙设置自动感应喷头，可以喷射清洗及消毒溶液，对车辆进行清洗及消毒处理。

2.7 布局控制

2.7.1 总平面布置

2.7.1.1 总图布置原则

（1）执行国家有关环境保护的政策，符合国家的有关法规、规范及标准，严格执行国家现行防火、卫生、安全等技术规范，确保生产安全。

（2）总图布置充分满足生产工艺流程和运行管理方便的要求，布置尽量集中紧凑，节约用地。

（3）总图布置统筹安排、合理布局，功能分区明确，交通组织顺畅，满足生产和生活需求。

（4）处理中心道路系统的布置在满足生产生活的需要的同时，合理组织物流，减少人流和物流之间的干扰，做到人、物、车流合理、经济。

（5）总图布置需与周边的综合环境有机协调，各功能区布局既要与生产工艺协调，也应与周边环境条件融为一体。

（6）注重环境保护，对污水、臭气、噪声进行有效控制，使项目的环境影响降至最低程度。

（7）根据项目特点，增加卫生防疫隔离带，注重管理人员、生产人员、参观人员的安全合理组织。

2.7.1.2 总图布置

总图布置应功能分区清晰合理。一般分为如下功能分区：

（1）管理区

管理区处于工程用地主导风向的上风向，辅以景观绿化，能够获得良好的办公环境。管理区主要包括门卫、综合楼、生活楼、物资仓库、实验室及更衣消毒间。入口处设置门卫间，便于集中管理进出场区的人流和物流。

（2）生产区

生产区内各个工艺系统通过场内道路的划分，既相对独立又能形成有机的联系，保证工艺流线的顺畅。

焚烧处理区：主要为焚烧车间及焚烧线。

辅助生产区：位于焚烧车间周边，主要为应急处置停车场、应急处理车间、污水处理站、消防水池及泵房、变电所、停车场、罐区、维修车间等。

2.7.1.3　竖向布置

竖向布置的基本原则为：满足生产、运输及工程管线敷设要求，保证场地水能顺利排除，尽量做到土方平衡，减少工程费用，同时应与周边地形标高相协调。

2.7.1.4　交通组织

（1）出入口设置。一般应通过出入口设置保证人流车辆和物流车辆分流。

（2）物流交通组织。病死动物收集车从物流出入口进入处理中心，经消毒池消毒处理后，才能进入焚烧处理区。

药剂运输车辆、灰渣运输车辆等一般沿焚烧车间四周设置的环形交通路网进出厂区。

（3）人员交通组织。管理人员经由管理区进入生产区时，必须经更衣消毒间更换一次性防护服和防护鞋；由生产区返回管理区时，也需经过更衣消毒间消毒池，更换工作服和防护鞋。

生产人员由管理区进入生产区时，必须经更衣消毒间更换专业防护服和防护鞋；由生产区返回管理区时，亦须经过更衣消毒间消毒池，然后更换工作服和防护鞋，淋浴换衣后方能进管理区。此外，更衣消毒间内还设洗衣消毒间和生产人员专用饭厅，饭厅的功能是方便生产区工作人员就餐。

参观人员由管理区进入生产区参观时，一般应考虑独立通道，无须进行更衣消毒，直接通过参观通道进入生产区参观。该参观通道与生产人流、物流及生产设施完全隔离，从而保障参观人员的卫生安全。

2.7.2　焚烧厂房平面布置

2.7.2.1　平面布置原则

（1）平面布置将做到节约用地，功能分区明确，有利于生产、生活和管理。

（2）平面布置使生产各环节具有良好的联系，避免生产流程迂回往复供水、供电及公用设施靠近负荷中心。

（3）避免人、货流交叉干扰。

（4）结合周边的交通条件，方便各类车辆的通行、作业。

（5）平面布置将结合当地自然条件、地形条件，并为后期施工创造有利的条件。

（6）平面布置功能设施集约化，将工艺、除臭合并，减少二次污染，尽可能减少对周围环境的影响。

2.7.2.2 平面布置示意说明

焚烧厂房应涵盖废物接受储存、冷藏库、空压机房、周转箱清洗间等建筑功能。焚烧厂房四周道路将以环向布置，这样有利于满足消防、采光、通风的要求。

焚烧厂房一般划分为两个功能区，即前处理作业区和焚烧作业区。

废物前处理作业区一般包括废物卸料、储存、破碎区等。焚烧作业区包括废物进料装置、焚烧、烟气净化、药剂储运系统、控制室、供水供浆室（含小苏打粉和活性炭粉）、空压机房、工具备件房等配套设施。

卸料层一般包含冷库、清洗区、消毒区、解剖室、化验专门通道等，化验专门通道可联通至清洗消毒及化验室。

化制处理技术

3.1 化制原理及分类

化制法是一种较好的处理病死畜禽的方法，是实现病死畜禽无害化处理、资源化利用的重要途径。

3.1.1 化制法原理

根据《病死动物无害化处理技术规范》（农医发［2013］34号），化制法是指在密闭的高压容器内，通过向容器夹层或容器内通入高温饱和蒸汽，在干热、压力或高温、压力的作用下，处理动物尸体及相关动物产品的方法。

化制法是目前国际上普遍认可并推广使用的无害化处理方法，病害动物经过高温高压灭菌无害化处理后，灭菌指数可达99.99%以上，并且处理后物料可作为有机肥料、动物饲料等资源再次利用，油品经精炼提纯后可用于化工、生物柴油等领域，实现无害化处理，资源化利用的目的，符合可持续发展的政策。

3.1.2 化制法适用对象

根据《病害动物和病害动物产品生物安全处理规程》（GB 16548—2006），需销毁的病害动物和病害动物产品种类如下：确认为口蹄疫、猪水泡病、猪瘟、非洲猪瘟、非洲马瘟、牛瘟、牛传染性胸膜肺炎、牛海绵状脑病、痒病、绵羊梅迪/维斯那病、蓝舌病、小反刍兽疫、绵羊痘和山羊痘、高致病性禽流感、鸡新城疫、炭疽、鼻疽、狂犬病、羊快疫、羊肠毒血症、肉毒梭菌中毒症、羊猝狙、马传染性贫血病、猪密螺旋体痢疾、猪囊尾蚴、急性猪丹毒、钩端螺旋体病（已黄染肉尸）、布鲁氏菌病、结核病、鸭瘟、兔病毒性出血症、野兔热的染疫动物，以及其他严重危害人畜健康的病害动物及其产品。

化制法适用对象为除了上述规定的动物疫病以外的其他疫病的染疫动物，以及病变严重、肌肉发生退行性变化的动物的整个尸体或胴体、内脏。

3.1.3 化制法分类及比较

3.1.3.1 化制法分类

采用化制法处理工艺，可视情况对动物尸体进行破碎预处理，破碎产物输送入高温高压容器蒸煮，按照加热介质与处理对象的接触性质，可分为干化法和湿化法两类。

（1）干化法。干化法是在密闭的高压容器内，通过对夹层通入高温循环热源加热方式对死亡动物进行处理，最终得到稳定的灭菌产物，如动物脂肪和干燥的动物蛋白。

干化法的优点是无害化处理彻底、效率高、产品的附加值高。缺点是一次性投入高、配套附属设备多、能源消耗较大、运行成本高。

（2）湿化法。湿化法是利用高压饱和蒸汽，直接与畜尸组织接触，当蒸汽遇到动物尸体及其产品而凝结为水时，则能放出大量热能，可使油脂溶化和蛋白质凝固，同时借助于高温与高压，将病原体完全杀灭。

湿化法的优点是利用高温饱和蒸汽无害化处理，灭菌效果好、操作简单、占地面积小；缺点是能耗高、产生的污水难处理。

3.1.3.2　干化法与湿化法比较

以处理规模为5t/d的设备为例，干化法及湿化法工艺比选见表3-1。

表3-1　化制法工艺比选

项　　目		干化法	湿化法	备注
能耗	蒸汽消耗	11t/d	8t/d	0.8MPa 的饱和蒸汽
	电能消耗	约200kW	约300kW	
设备投资		设备简单，投资较低	投资较高	
运行操作		操作简单，可选择手动控制	操作较复杂，比选采用系统自动控制	
工程应用		国外应用比较广泛，美国、欧洲等小规模处理几乎全部采用干法工艺	国内应用较多，如上海奉贤、宁波北仑、江苏绿汇宿动实业等	

干化法将病死畜禽体内的水分以蒸汽的形式排出化制机，其要求的处理压力较高，处理时间较长，蒸汽耗量较大。

湿化法蒸汽与病死畜禽直接接触，利用蒸汽的相变放热，蒸汽耗量低，其要求的处理压力较低，处理时间短。

3.2　干化工艺系统

3.2.1　技术工艺及操作注意事项

根据《病死动物无害化处理技术规范》（农医发［2013］34号），干法化制应遵循以下技术工艺条件及操作注意事项。

3.2.1.1 干化法技术工艺

（1）可视情况对动物尸体及相关动物产品进行破碎预处理。

（2）动物尸体及相关动物产品或破碎产物输送入高温高压容器。

（3）处理物中心温度不小于140℃，压力不小于0.5MPa（绝对压力），时间不小于4h（具体处理时间随需处理动物尸体及相关动物产品或破碎产物种类和体积大小而设定）。

（4）加热烘干产生的热蒸汽经废气处理系统后排出。

（5）加热烘干产生的动物尸体残渣传输至压榨系统处理。

3.2.1.2 干化法操作注意事项

（1）搅拌系统的工作时间应以烘干剩余物基本不含水分为宜，根据处理物量的多少，适当延长或缩短搅拌时间。

（2）应使用合理的污水处理系统，有效去除有机物、氨氮，达到国家规定的排放要求。

（3）应使用合理的废气处理系统，有效吸收处理过程中动物尸体腐败产生的恶臭气体，使废气排放符合国家相关标准。

（4）高温高压容器操作人员应符合相关专业要求。

（5）处理结束后，需对墙面、地面及其相关工具进行彻底清洗消毒。

3.2.2 干化法工艺流程及特点

3.2.2.1 干化法工艺流程

病死畜禽尸体由运输车卸至原料仓，原料仓通过气压控制上罩盖开启关闭，密封防止污染；原料经胶带输送机缓慢进入破碎机，破碎后的物料粒径20～30mm的肉块，通过输送机械输送至高温化制机内，升温、加压、搅拌。当处理物中心温度不小于140℃，压力不小于0.3MPa（绝对压力）时，保压30～40min后，尸体油脂溶化和蛋白质凝固，病原体完全杀灭，然后泄压、出料。物料带压卸至缓存搅拌料仓内，对物料缓存搅拌；搅拌后的物料通过螺旋输送机进入压榨机内脱脂处理，压榨后的油水通过静态分离，均匀受热分离出油脂，由真空泵通过负压引流将油吸入储油罐。蛋白水进行浓缩处理后和榨饼进入烘干机，对物料进行干燥；干燥物料的含水量降至10%～12%通过螺旋输送机输送至冷却筛内，筛选较大颗粒和耳标；筛选后物料进入成品料仓包装。

废气处理系统采用间接卧式冷却装置，烘干过程中产生的废气，经过热能回收器把空气预热送入烘干机内，加快烘干速度，节省能源。剩余废气进入水冷式冷凝器，将高温废气冷凝成水，微量残余气体通过洗涤塔进行药剂喷淋、中和、除臭（也可再通过 UV 光解废气净化器除臭），达到排放标准。

干法化制工艺流程图如图 3-1 所示。

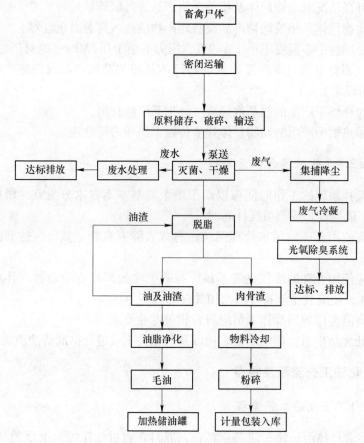

图 3-1　干法化制工艺流程图

3.2.2.2　干化法工艺特点

（1）此工艺采用高温、高压处理杀死病菌更彻底，处理更方便、快捷。

（2）原料经破碎后，变成 50～30mm 的块状，消减空隙，便于熟化均匀彻底。

（3）采用带压卸料，省时省力，减少中间环节污染；压榨后分离的蛋白水分不外排，送入烘干机，没有对环境造成二次污染。

（4）工艺重在杀死畜禽所含有害病菌，可做成有机肥和化工原料变废为宝，提高经济效益，从根本上解决病死畜禽流入市场这一难题。

（5）处理后不产生二次污染，对环境无污染。

（6）可根据处理规模确定设备规格（单台设备处理能力 2~10t），设备占地少，耗能低。

3.2.3　干化法工艺流程描述

（1）病死动物集中收集后，由专用封闭自卸式运输车运送至动物无害化处理中心。

（2）病死动物直接整车倒入原料储存仓内进行暂存。

（3）卸料完成后，原料储存仓门自动关闭，开启自动喂料系统，物料在呈负压的密闭环境里通过螺旋输送机匀速把物料输送至预碎机内，预碎机刀片采用合金钢堆焊，可实现对整头病死动物的破碎。卸货完成后，仓门自动封闭，物料在密闭的环境里在铰刀的作用下，破碎成粒径 40~50mm 的肉块。物料输送、预碎完成后，可自动对原料仓及预碎机进行清洗、消毒。

（4）破碎后的物料直接进入不锈钢储料斗，储料斗起到缓冲储存的作用，然后通过管道采用负压液压泵输送的方式直接进入高温化制罐，该过程全程密闭、远距离、高流程、输送量 15~20m³/h，智能操作无需人员直接接触，避免了病菌二次污染，极大的改善了工作环境。

（5）物料装至额定重量后，关闭罐口，进行加热升压灭菌，罐内温度达到140℃（0.3MPa）后，保持压力 30min（也可根据不同物料调整压力和温度），然后进入干燥阶段，采用低温真空干燥的方式，干燥 4~6h（根据物料水分的不同来调整干燥时间）后，物料的含水率降至不大于20%，含油脂30%左右。利用批次处理的方式，单批次处理量 5t，投料、蒸煮、烘干、出料整个工艺流程不超过 8h。

（6）化制烘干完成后，开启卸料电控阀，物料通过螺旋输送机直接进入半成品缓冲仓，卸料电控阀确保放料时无蒸汽溢出，无需手工操作。缓冲仓对半成品物料进行暂存，并自动匀速搅拌、拱破。

（7）半成品物料通过螺旋输送机送入榨油机加热锅内，然后缓慢的进入榨油机榨膛进行油脂分离，将物料含油率降至10%~12%（达到饲料含油标准），得到肉骨粉、油脂。

（8）肉骨粉通过螺旋输送机进入冷却系统（配置降尘设备），将物料的温度降至室温±5℃。然后物料进入粉碎系统，采用水滴式粉碎机，确保粉碎细度，并配置成套的除尘设备。粉碎后的物料通过自动称重包装系统，包装入库。肉骨粉可作为有机肥使用。

（9）分离出的油脂经过加热搅拌罐加热搅拌后，进入卧式离心机，通过物理离心达到净化的毛油，毛油通过输油泵、管道，进入油脂储存罐。毛油经过精炼可作为生物柴油。

（10）化制烘干过程中，通过真空泵站完成真空控制、水位控制、排水控制等环节，产生的废气经过泄压降尘器降尘后，再进入水冷式冷凝器，将高温水蒸气冷凝成水，冷凝后少量的气体再经过 UV 光催化氧化综合处理系统处理后，最后实现完全达标排放。

（11）在干燥过程中产生的废水为废气蒸馏水，不含油脂，主要有害成分为 COD、BOD、氨氮，可以直接通过密闭管道排入厂区污水处理设备集中处理，最终实现无污染排放。

（12）设备和车辆清洗消毒废水和厂区生活用水，集中收集后送入污水处理站处理。

3.2.4　工艺设备布置示意图

干法化制设备布置如图 3-2 所示。

3.3　湿化工艺系统

3.3.1　技术工艺及操作注意事项

根据《病死动物无害化处理技术规范》（农医发［2013］34 号），湿法化制应遵循以下技术工艺条件及操作注意事项。

3.3.1.1　湿化法技术工艺

（1）可视情况对动物尸体及相关动物产品进行破碎预处理。

（2）将动物尸体及相关动物产品或破碎产物送入高温高压容器，总质量不得超过容器总承受力的 4/5。

（3）处理物中心温度不小于 135℃，压力不小于 0.3MPa（绝对压力），处理时间不小于 30min（具体处理时间，随需处理动物尸体及相关动物产品或破碎产物种类和体积大小而设定）。

（4）高温高压结束后，对处理物进行初次固液分离。

（5）固体物经破碎处理后，送入烘干系统；液体部分送入油水分离系统处理。

3.3.1.2　湿化法操作注意事项

（1）高温高压容器操作人员应符合相关专业要求。

（2）处理结束后，需对墙面、地面及其相关工具进行彻底清洗消毒。

（3）冷凝排放水应冷却后排放，产生的废水应经污水处理系统处理达标后排放。

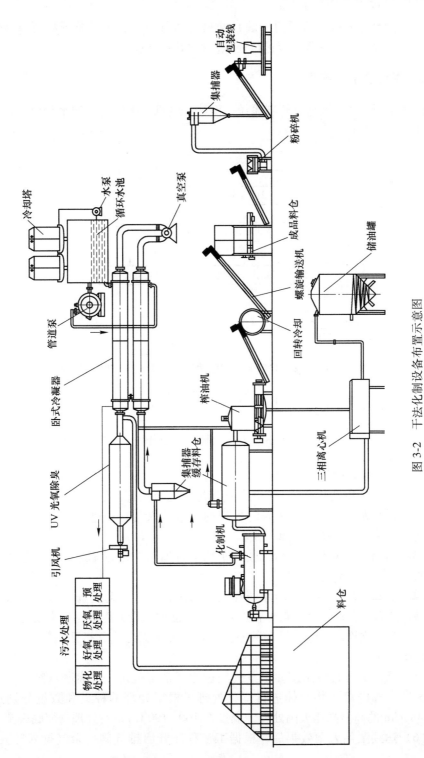

图 3-2 干法化制设备布置示意图

（4）处理车间废气应通过安装自动喷淋消毒系统、排风系统和高效微粒空气过滤器（HEPA 过滤器）等进行处理，达标后排放。

3.3.2 湿化法工艺流程

湿法化制系统主要包括进料系统、湿法化制机、破碎机、油水分离等，工艺流程如图 3-3 所示。

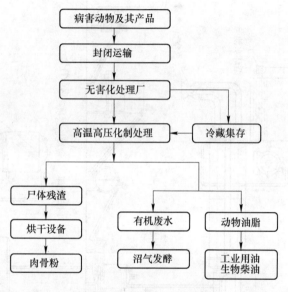

图 3-3 湿法化制工艺流程图

系统流程描述如下：

（1）病死动物及其产品由专用封闭运输车送至无害化处理中心。

（2）用叉车进行卸货，需及时处理的直接装入湿化筐进行处理，暂时不处理的装入周转箱后，送至冷库存放。

（3）封闭式运输车卸货后，驶入车用消毒通道，进行车厢内部、车体及周转箱的消毒处理，消毒后离开厂区。

（4）叉车将冷库中的周转箱转移至进料区，通过自动提升上料机装入湿化筐，罐门开启，自动伸缩架与导轨连接，用智能输送设备将湿化筐沿轨道送入高温高压灭菌湿化机内，牵引机退回原位，自动伸缩架退出，打开锅门关闭系统，启动化制程序。

（5）开启负压真空站，抽出空气经过滤器消毒处理，开启蒸汽阀门，使蒸汽迅速进入罐内对动物尸体进行湿化处理。根据处理的种类和数量分别进行 240~480min 的高温高压灭菌处理（温度在 160~190℃），对处理物彻底灭菌。

（6）达到湿化灭菌效果后，根据工艺程序开启排气阀把余气排入冷凝器，排气阀关闭后，出油阀自动开启，将油水混合物排入高温精炼一次油水分离设备中。一次油水分离器使油水物理分离后达到一定效果后，把废水排入搅拌罐中，然后开启高温加热系统使油精炼，用输油泵将油排入加热式储油罐内，使油再次达到精炼存放。

（7）化制机内部工作完毕后，排气系统自动关闭，锅门上方排气口自动开启。开启锅门系统，打开自动伸缩架与道轨连接，智能牵引机开启，自动吸合，将装有处理物的湿化筐送入提升系统，开启进料仓，提升系统将处理物倒入进料仓，倒完料的湿化筐依次进入清洗区进行清洗、消毒处理，处理后再装料进入下一次工作。

（8）关闭进料仓，物料在低转速、高扭矩剪切力的破碎机中均匀粉碎至1~3cm大小颗粒，进入烘干设备，不断分搅、烘干后装袋储存。

（9）处理过程中产生的有机废水则进行厌氧发酵处理，所有清洗的废水进入污水处理系统，不再重复利用。

3.3.3 湿化法工艺流程描述

3.3.3.1 收集、储存系统

采用密闭式周转箱进行动物尸体运输，防止运输过程发生的病原体传播，密闭式周转箱易于装卸，操作人员不用直接接触病害动物，将病死动物运送至无害化处理中心。

由工作人员用叉车和专用吊装设备进行卸车，及时处理的动物尸体直接装入湿化筐内，暂时不能处理的病死动物，则根据待处理时间的长短分别放入冷库或暂存区存放，等待处理。卸车完毕后，用消毒清洗器对车辆和周转箱进行消毒清洗处理。

3.3.3.2 湿化处理系统

（1）病死动物输送。锅门系统开启，自动伸缩架与道轨连接，然后用智能输送设备将处理物沿道轨送入高温高压灭菌湿化机内。湿化设备采用机械式自动连接。

（2）罐门密封。牵引机退回原位，自动伸缩架退出，打开锅门关闭系统，所有化制程序启动。

（3）预真空。开启负压真空站，抽出空气经过滤器消毒处理。然后开启蒸汽阀门，使蒸汽迅速进入罐内对动物尸体进行湿化处理。

（4）高温高压湿化处理。病死畜禽通过轨道输送入湿化机筒体内，温度设定为160~190℃，压力设定为0.8~1.2MPa，由锅炉供给高温、高压蒸汽，对物料进行高温高压处理，处理时间为240~480min（具体时间根据来料的尺寸进行调整）。蒸煮流程结束后，病菌被完全杀死，湿化筐上的固体残渣被牵引出湿化机，进入残渣处理系统，湿化处理产生的油水混合物出除湿化机后，进入油水分离系统。

3.3.3.3　油水分离系统

达到湿化灭菌效果后，根据工艺程序开启排气阀把余气排入冷凝器，排气阀关闭后，出油阀自动开启，将油水混合物排入高温精炼一次油水分离设备中。一次油水分离器使油水物理分离后达到一定效果后把废水排入发酵罐中，然后开启高温加热系统使油精炼，用离心式输油泵将油排入加热式储油罐内，使油再次达到精炼存放。

3.3.3.4　处理后物料输送系统

化制机内部工作完毕后，排气系统自动关闭，锅门上方排气口自动开启。开启锅门系统，打开自动伸缩架与道轨连接，智能牵引机开启，自动吸合，将装有处理物的湿化筐送入提升系统，开启进料仓，提升系统将处理物倒入进料仓，倒完料的湿化筐依次进入清洗区进行清洗、消毒处理，处理后再装料进入下一次工作。

3.3.3.5　物料粉碎、烘干

关闭进料仓，物料在低转速的强劲的高扭矩剪切均匀使物料粉碎到 $1\sim3cm$ 大小颗粒，进入烘干设备，不断分搅、烘干后装袋储存。

3.3.3.6　清洗消毒系统

湿化机在工作后，打开自动消毒系统（由高压罐、加温盘管、高温高压泵及自动系统组成）进行全方位消毒处理。设备开启系统，清理消毒一次，两边设有清洗喷头。油水分离器在停止工作时，可自动开启高温消毒系统进行高温消毒清理，保持清洁。

3.3.3.7　废水处理系统

处理过程中产生的有机废水则进行厌氧发酵，产生沼气循环利用，所有清洗的废水进入污水处理系统，不再重复利用。

3.3.3.8　废气治理系统

病害动物经无害化处理、有机肥发酵过程产生和散发出含有硫醇类、硫醚类、硫化物、醛类、吲哚类、脂肪酸、酚类、胺类等气体，经收集管道收集过滤后（HEPA 过滤）进入喷淋净化塔内，冲击塔内的液体，使净化气体进入 UV 光解设备进行紫外线裂解后由 15m 管道达标排放。

3.3.4　工艺设备布置示意图

湿法化制设备布置如图3-4所示。

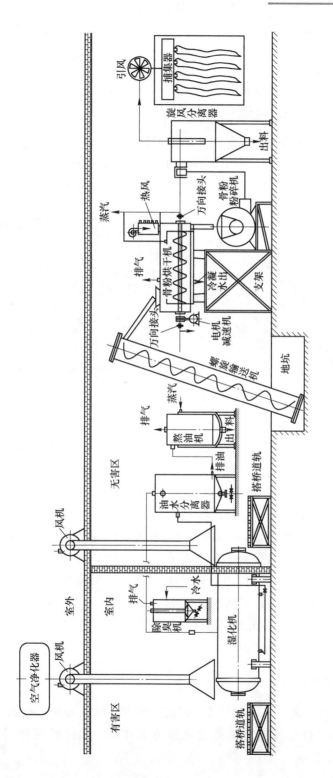

图 3-4 湿法化制设备布置示意图

3.4　化制设备

3.4.1　干法化制设备

3.4.1.1　干法化制灭菌机

高温干法化制机是进行病死畜禽无害化处理的关键设备，其用途就是通过高温高压处理病死动物尸体，达到熟化灭菌的目的。干法化制灭菌机实物图如图3-5所示。

图 3-5　干法化制灭菌机实物图

设备特点：（1）外壳采用双层夹套，内充蒸汽，以增大换热面积；中间轴采用无缝钢管，搅拌齿采用 Q345R 材质，增强耐磨性。（2）整体式钢结构支架，可任意改变安装位置。（3）进、出料口采用撞块式结构，方便操作，采用单独排汽口，有效防止物料喷出。（4）利用自动疏水系统，将蒸汽冷凝水回流至锅炉降低能源消耗，节省水源。（5）内层配置电热偶装置，可以测定熟化物料的温度；夹套层内配置压力表，测定蒸汽的压力，超压自动排放。（6）通过测定电机运行瞬时电流，可测出罐体内物料质量。（7）采用液力偶合器，在设备出现断电、卡机的情况下，电机可缓慢带动设备主轴运转，减少瞬间冲击力，延长设备使用寿命。（8）传动采用齿圈结构，节省能耗。（9）外层保温采用不锈钢包覆，增强抗腐蚀能力，外表美观。

3.4.1.2　预碎机

用途：对病死动物尸体、大型骨肉饼进行破碎、细化处理，得到尺寸不大于5cm 的块状物，进而提高后道熟化灭菌加工效率。预碎机实物图如图3-6所示。

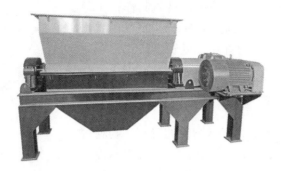

图 3-6 预碎机实物图

设备特点：（1）双轴结构，齿刀采用耐磨合金钢，旋转齿刀和铁砧格切面均经过表面硬化处理，坚硬耐磨。（2）轴承、密封轴承拆卸，易于维护和更换刀具。（3）机架采用碳钢制作，外壳采用不锈钢材质，气动控制上罩盖开启关闭。（4）噪声低、破碎效率高、自动清洗、整机密闭、能有效避免环境污染，阻断病菌传播。（5）破碎效率好，能耗低。

3.4.1.3 榨油机

用途：适用于动物油脂的高效分离。

特点：采用加厚钢板制作，更经久耐用；处理量大，占地面积小；节能，操作管理和保养简单方便；压榨饼中残油低，油品质好，榨出饼的结构松而不易碎。榨油机实物图如图 3-7 所示。

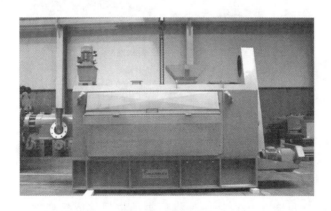

图 3-7 榨油机实物图

3.4.1.4 油脂分离罐

用途：静态沉淀分离油脂。

设备特点：（1）外壳采用钢材质制作；（2）配有视镜，可观测罐内油脂情况；（3）底端配置出油口、排渣口；（4）配置加热盘管，防止油脂凝固。油脂分类罐实物图如图3-8所示。

3.4.1.5　滚筒冷却器

用途：用于干燥后粉屑状物料的冷却。物料进入回转式冷却器，在引风机的作用下，物料与冷却介质空气充分接触，采用逆流方式，将干燥物料冷却，风机端连接除尘器，防止粉尘飞扬。

设备特点：（1）采用两段结构，前段冷却，后段筛选；（2）冷却充分、均匀，效果好，大产量、低能耗、运行稳定，使用寿命长。滚筒冷却器实物图如图3-9所示。

图 3-8　油脂分离罐实物图

图 3-9　滚筒冷却器实物图

3.4.2　湿法化制设备

3.4.2.1　湿法化制机

湿法化制机（见图3-10）是一种将病害动物尸体或病变部分进行高温杀菌的机器设备，经湿化机化制后动物尸体可熬成工业用油，同时产生其他残渣用于动物饲料等。

设备特点：（1）安全、可靠：设备按照《压力容器》制造标准制造，耐腐蚀，承压性高，配置安全阀、压力控制器等安全装置；（2）自动、快捷：高度

图 3-10　湿法化制机实物图

自动化控制，操作简单，使用方便快捷；（3）低能耗、高效率：受热面积大，升温迅速，从而降低能耗，加快生产效率，降低运行成本；（4）结构合理、运行稳定：设计结构合理，可以在恶劣环境下工作，能保证设备连续无差错运行。

3.4.2.2　烘干机

用途：是有一个横卧的外壳和一个带有蒸汽加热的转轴所构成，轴上焊有加热圆盘，圆盘上装有可调节角度的叶轮，可以将高水分、高稠度的物料快速烘干。

设备特点：（1）安装在主轴上的拨料板位于加热盘管之间，既能推动物料向前运动，又有自洁作用，与导体充分接触；（2）外壳带有蒸汽加热夹层，增加烘干面积，提高热效率，确保物料成分烘干。烘干机实物图如图 3-11 所示。

图 3-11　烘干机实物图

其他处理技术

4.1 掩埋处理技术

4.1.1 掩埋原理

4.1.1.1 掩埋概述

掩埋法是一种最传统的处理方法。处置过程为在地上挖掘一定深度的沟槽，把尸体放在沟槽，然后进行回填覆盖。掩埋操作需要相对较小的专业知识要求，主要为开挖设备和覆盖材料。覆盖材料往往就是开挖过程的土壤进行回填。掩埋选址非常重要，必须详细了解土壤的性质、地形、水文特征、地表水、地下水、附近公共区域，道路、居民区等，还需要考虑所需占地面积。

典型的掩埋见图 4-1。

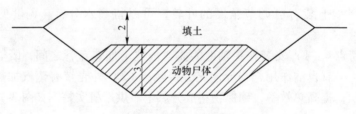

图 4-1 典型的掩埋图

4.1.1.2 掩埋优、缺点

掩埋作为一种相对经济的动物尸体处理方法，其操作方便、简单和快速，特别是对于日常死亡，是一般广泛使用且技术相对简单的处理方式。如果在农场或现场，它无需进行传染性风险的运输过程。该技术相比露天焚烧，可以引起较小的空气污染和居民反对。

但其缺点包括：对环境潜在的不利影响是容易污染地下水，在环境中存在病菌的风险（如炭疽），其不能完全消除病菌，掩埋是一个长期的过程，有些埋了许多年，甚至几十年，还在对环境产生影响。还有，掩埋对当地土地价值产生负面影响，相对其他方式，其不能产生资源回收价值。

因此，掩埋法也逐渐被淘汰，选择掩埋必须慎重。

4.1.2 掩埋操作规范

4.1.2.1 适用对象

掩埋法可以作为发生动物疫情或自然灾害等突发事件时病死及病害动物的应急处理，以及边远和交通不便地区零星病死畜禽的处理。但不得用于患有炭疽等芽孢杆菌类疫病，以及牛海绵状脑病、痒病的染疫动物及产品、组织的处理。

4.1.2.2 选址要求

应选择地势高，处于下风向的地点。应远离学校、公共场所、居民住宅区、村庄、动物饲养和屠宰场所、饮用水源地、河流等地区。

4.1.2.3 技术工艺

深埋坑体容积以实际处理动物尸体及相关动物产品数量确定。深埋坑底应高出地下水位 1.5m 以上，要防渗、防漏。坑底洒一层厚度为 2~5cm 的生石灰或漂白粉等消毒药。将动物尸体及相关动物产品投入坑内，最上层距离地表 1.5m 以上。生石灰或漂白粉等消毒药消毒。覆盖距地表 20~30cm，厚度不少于 1~1.2m 的覆土。

4.1.2.4 操作注意事项

深埋覆土不要太实，以免腐败产气造成气泡冒出和液体渗漏。深埋后，在深埋处设置警示标识。深埋后，第一周内应每日巡查 1 次，第二周起应每周巡查 1 次，连续巡查 3 个月，深埋坑塌陷处应及时加盖覆土。深埋后，立即用氯制剂、漂白粉或生石灰等消毒药对深埋场所进行 1 次彻底消毒。第一周内应每日消毒 1 次，第二周起应每周消毒 1 次，连续消毒三周以上。

4.2 化尸窖处理技术

4.2.1 化尸窖原理及特点

4.2.1.1 概念

化尸窖，又称为密闭沉尸井，是指按照《畜禽养殖业污染防治技术规范》要求，地面挖坑后，采用砖和混凝土结构施工建设的密封池。化尸窖处理技术，即以适量容积的化尸窖沉积动物尸体，让其自然腐烂降解的方法。

4.2.1.2 分类

化尸窖的类型从建筑材料上分为砖混结构和钢结构两种，前者为建在固定场所的地窖，后者则可移动。从池底结构上，地窖式化尸池分为湿法发酵和干法发酵两种，前者的底部有固化，可防止渗漏，后者的底部则无固化。钢结构的化尸窖属于湿法发酵。

4.2.1.3　技术要求

化尸窖的主要技术要求如下：

（1）化尸窖应为砖和混凝土，或者钢筋和混凝土密封结构，应防渗防漏。

（2）在顶部设置投放口，并加盖密封加双锁；设置异味吸附、过滤等除味装置。

（3）投放前应在化尸窖底部铺洒一定量的生石灰或消毒液。

（4）投放后投置口密封加盖加锁，并对投置口、化尸窖及周边环境进行消毒。

（5）当化尸窖内动物尸体达到溶剂的3/4时，应停止使用并密封。

4.1.2.4　主要优缺点

A　主要优点

化尸窖处理法可进行分散布点，化整为零；尸体运输路线短，有利于减少疾病的传播；采用密闭设施，建造简单，臭味不易外泄，一般建于下风口地下，在做好消毒工作的前提下，生物安全隐患低，对周边环境基本无污染；可根据养殖规模进行设计，无大疫病情况下，利用期限较长，一般可利用10年以上；建池快、受外界条件限制少，设施投入低、运行成本低；操作简便易行，省工省时。在处理过程中添加的化尸菌剂能快速分解畜禽尸体、杀灭除芽孢菌以外的所有病原体、消除臭味，大幅度提高了化尸池使用效率，检修与清理方便。

B　主要缺点

当化尸窖内容物达到容积的3/4时，应封闭并停止使用。不能循环重复利用，只能使用一口，封一口，再造一口；化尸窖内畜禽尸体自然降解过程受季节、区域温度影响很大。夏季高温时期，畜禽尸体2个月内即可腐烂留下骨头，但冬季寒冷时期，畜禽尸腐过程非常慢。

4.1.2.5　适用范围

化尸窖处理法适用于养殖场（小区）、镇村集中处理场所等对批量畜禽尸体的无害化处理。化尸窖适用于猪（禽）年存栏500头（5000羽）以上的规模养殖场或区域性集中统一使用。小型钢结构移动式化尸窖则适用于猪（禽）年存栏500头（5000羽）以下的养殖户使用。

化尸窖的选址、建设和使用必须满足相关标准要求。

4.2.2 化尸窖的建造

4.2.2.1 选址要求

化尸窖建造前选址的一般要求：

（1）距村庄、学校、医院等公共场所 500m 以上；交通较方便。

（2）养殖场生产区的下风处，地势较低。

（3）不受地面径流影响，雨水不会流入进料口。

特殊要求：

（1）干法化尸窖的选址要求。为避免造成地下水污染，应远离饮用水源；以土质较疏松、渗水性较好的沙质土或沙壤土为宜；地下水位应低于池底。

（2）湿法化尸窖的选址要求除了要符合"一般要求"外，对建设地点的土壤类型无特殊要求，只要方便施工即可选用。

（3）钢结构化尸窖选址要求在生产区围墙以外下风处，距生产区大于 50m，地势较低。

4.2.2.2 化尸窖的设计要求

A 化尸窖的构造

化尸窖由池底、池身、弧形拱顶、投料口和清理口等构造而成。

B 设计的一般要求

要求能杀灭病毒、细菌等病原体，能达到无害化处理养殖场废弃物的目的；根据地下水位、土壤性质和养猪规模，设计不同类型、不同容积的化尸窖；投料口位置设置要合理，便于简单操作，且能密闭严实；不影响投料人员的身体健康，不污染环境，不出环保事故；力学上能达到使用强度要求，能循环使用。

C 容积要求

化尸窖容积应以所需化尸规模确定，但不能小于 $10m^3$。如规模家禽养殖场按照存栏在 5000 羽以上建设容积 $15m^3$ 以上化尸窖 1 口，存栏 20000 羽以上建设容积 $25m^3$ 以上化尸窖 1 口；重点生产村按照每存栏 10 万羽家禽建设容积 $100m^3$ 以上化尸窖 1 口。有条件的场（户）最好建造两口或两口以上的化尸窖，以便轮流使用。

化尸窖所在位置应设立动物防疫警示标志，防止安全事故发生。

4.2.3 化尸窖操作与管理

4.2.3.1 收集包装

由专业人员携带专用收集工具收集病害家禽尸体，使用防渗漏的一次性生物安全袋包装，系紧袋口，放入防渗漏的聚乙烯桶，密封运输。

4.2.3.2 运输

运载工具应密封防漏，并张贴生物危险标志。运载车辆应尽量避免进入人口密集区，并防止溢溅。

4.2.3.3 投放

投放前在化尸窖底部铺撒一定量的生石灰或其他消毒液。有序投放，每放一定量都需铺洒适量的生石灰或其他消毒液。投放后，密封加盖加锁，并对化尸窖及周边环境进行喷洒消毒。

4.2.3.4 消毒和防护

处置过程中，对污染的水域、土壤、用具和运载工具选择合适的消毒药消毒。用适当的药剂对人员进行消毒。

4.2.3.5 维护与管理

当化尸窖内容物达到容积的3/4时，应封闭并停止使用。加强日常检查，每次处理完都要加盖加锁，发现破损及时处理。规模以上家禽养殖场自行负责管理，重点生产村由各镇（区）组织各村指定专人负责管理。

4.2.3.6 记录

化尸窖应有专门的人员进行管理，并建立台账制度，应详细记录每次处理时间、处理病害家禽尸体的来源、种类、数量、可能死亡原因、消毒方法及操作人员等，台账记录至少要保存两年。

4.3 卫生填埋技术

4.3.1 卫生填埋概述

由于掩埋具有很多环境和安全风险问题，作为一种应急手段，卫生填埋也作为突发事件时动物尸体的处置方式之一。

卫生填埋是处理各种城市固体废弃物（MSW）的重要手段，在世界各地广泛应用。卫生填埋不同于垃圾直接倾倒或掩埋，现代化的卫生填埋场是一个需要精心设计、高标准建设、高效管理的场所，我国已经颁布多个详细的标准来指导填埋场的设计、建设和运营。

4.3.2 卫生填埋场选址

在土地资源日益紧张的情况下，填埋场选址难度日益增加，而选址又是建设过程最重要的环节。我国对填埋场选址有相关的标准要求。

4.3.2.1 不应设填埋场的地区

（1）地下水集中供水水源地及补给区。

（2）洪泛区和泄洪道。

（3）填埋库区与污水处理区边界距居民居住区或人畜供水点 500m 以内的地区。

（4）填埋库区与污水处理区边界距河流和湖泊 50m 以内的地区。

（5）填埋库区与污水处理区边界距民用机场 3km 以内的地区。

（6）活动的坍塌地带，尚未开采的地下蕴矿区、灰岩坑及溶岩洞区。

（7）珍贵动植物保护区和国家、地方自然保护区。

（8）公园，风景、游览区，文物古迹区，考古学、历史学、生物学研究考察区。

（9）军事要地、基地，军工基地和国家保密地区。

4.3.2.2 填埋场选址应符合国家标准

填埋场选址应符合现行国家标准《生活垃圾填埋污染控制标准》（GB 16889）和相关标准的规定，并应符合下列要求：

（1）当地城市总体规划、区域环境规划及城市环境卫生专业规划等专业规划要求。

（2）与当地的大气防护、水土资源保护、大自然保护及生态平衡要求相一致。

（3）库容应保证填埋场使用年限在 10 年以上，特殊情况下不应低于 8 年。

（4）交通方便，运距合理。

（5）人口密度、土地利用价值及征地费用均较低。

（6）位于地下水贫乏地区、环境保护目标区域的地下水流向下游地区及夏季主导风向下风向。

（7）选址应由建设项目所在地的建设、规划、环保、环卫、国土资源、水利、卫生监督等有关部门和专业设计单位的有关专业技术人员参加。

4.3.3 填埋场防渗系统

4.3.3.1 防渗要求

根据《生活垃圾卫生填埋技术规范》，填埋场必须进行防渗处理，防止对地下水和地表水的污染，同时还应防止地下水进入填埋区。天然黏土类衬里及改性黏土类衬里的渗透系数不应大于 $1.0×10^{-7}$cm/s，且场底及四壁衬里厚度不应小于2m，在填埋库区底部及四壁铺设高密度聚乙烯（HDPE）土工膜作为防渗衬里时，膜厚度不应小于1.5mm，并应符合填埋场防渗的材料性能和现行国家相关标准的要求。

4.3.3.2　防渗层结构组成

水平防渗的衬层系统通常从垃圾底部向下可依次包括过滤层、排水层（包括渗沥液收集系统）、保护层、防渗层、地下水导流层等。

防渗层的功能是通过铺设渗透性低的材料来防止渗沥液迁移到填埋区外部去，同时也可以防止外部的地下水进入填埋区内部。防渗材料主要有天然黏土矿物和人工合成材料以及复合材料。

保护层的功能是防止防渗层受到外界影响而被破坏，如石料或垃圾对其上表面的刺穿，应力集中造成膜破损，黏土等矿物质受侵蚀等。

排水层的作用是及时将被阻隔的渗沥液排出，减轻对防渗层的压力，减少渗沥液的外渗可能性。

过滤层的作用是保护排水层，防止垃圾在排水层中积聚，造成排水系统堵塞，使排水系统效率降低或失效。

根据以上几种功能的不同方式的组合，水平防渗的衬层系统可以分为单层衬层系统、复合衬层系统、双层衬层系统、多层衬层系统。

4.3.3.3　水平防渗系统类型

根据现行的《生活垃圾填埋场污染控制标准》（GB 16889）、《生活垃圾卫生填埋处理技术规范》（GB 50869）、《生活垃圾卫生填埋场防渗系统工程技术规范》（CJJ 13）等国家及行业标准规范，所推荐的防渗系统包括天然黏土、单层人工合成材料、单层复合人工合成材料、双层人工合成材料、双层复合人工合成材料等几大类防渗衬垫系统。

根据前述国家防渗标准，结合目前国内外填埋场工程的实施经验，常用的填埋场防渗衬垫系统种类有以下几种：

（1）天然黏土防渗衬垫系统：要求天然压实黏土厚度不小于2m，渗透系数不得大于 $1×10^{-7}$cm/s。如图4-2（a）所示。

（2）单层人工防渗衬垫系统：采用 HDPE 膜（因 LLDPE 膜防渗性能与HDPE 膜等同，故以 HDPE 膜为例，下同）作为主防渗层，厚度必须不小于1.5mm；膜下采用天然基土作为保护层（一般要求厚度不小于0.75m，渗透系数

不得大于 $1\times10^{-5}\mathrm{cm/s}$），膜上采用无纺土工布作为保护层，规格不得小于 $600\mathrm{g/m^2}$。如图 4-2（b）所示。

（3）单层复合防渗衬垫系统（膜+CCL/GCL）：采用 HDPE 膜作为主防渗层，厚度必须不小于 1.5mm；膜下次防渗层采用压实黏土（简称 CLL，兼作保护层），渗透系数不得大于 $1\times10^{-7}\mathrm{cm/s}$，厚度不得小于 0.75m；膜上采用无纺土工布作为保护层，规格不得小于 $600\mathrm{g/m^2}$。如图 4-2（c）所示。

（4）双层人工防渗衬垫系统（膜+检测层+膜）：采用 HDPE 膜作为主防渗层，厚度必须不小于 1.5mm；通常主防渗膜厚度 2mm，次防渗膜厚度 1.5mm；两层膜之间设渗漏检测层，以检测主防渗膜的渗漏情况，一般采用复合排水网作为渗漏检测层，同时将渗漏检测层中的渗沥液外排至渗沥液调节池，以进一步降低渗漏风险。如图 4-2（d）所示。

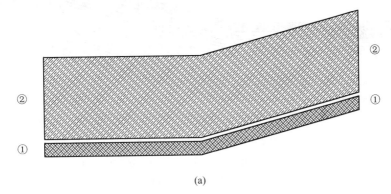

(a)

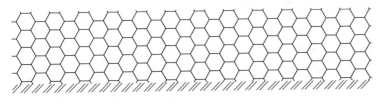

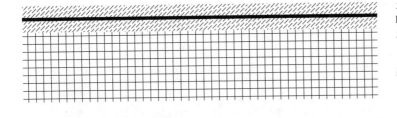

垃圾物

织质土工布过滤层

沙砾排水层或黏土
保护层(30～60cm 厚)

土工布
HDPE 膜
土工布

基底

(b)

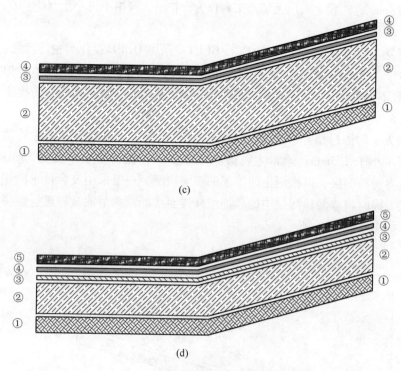

图 4-2　典型防渗衬垫结构类型

（a）天然黏土防渗；（b）单层 HDPE 膜防渗；（c）单层复合防渗（HDPE 膜+CCL）；

（d）双层防渗（HDPE 膜+排水网+HDPE 膜）

以上几种防渗衬垫系统的防渗性能参数见表 4-1。

表 4-1　典型防渗衬垫系统防渗性能参数

衬垫类型		天然黏土衬垫	单层人工防渗	复合防渗	双层防渗
结构型式		天然黏土	单层 HDPE 膜	HDPE 膜+GCL	HDPE 膜+排水网+ HDPE 膜+CCL
主防渗层	材料	压实黏土	HDPE 膜	HDPE 膜	HDPE 膜
	厚度	≥2m	≥1.5mm	≥1.5mm	≥1.5mm
	k	≤1×10^{-7}cm/s	≤1×10^{-13}cm/s	≤1×10^{-11}cm/s	≤1×10^{-13}cm/s
次防渗层	材料	—	—	HDPE 膜	HDPE 膜
	厚度	—	—	≥0.75mm	≥1.5mm
	k	—	—	≤1×10^{-13}cm/s	≤1×10^{-13}cm/s
膜下保护层	材料	—	天然基土	CCL	GCL
	厚度	—	≥0.75m	≥0.75m	6mm
	k	—	≤1×10^{-5}cm/s	—	—

衬垫类型		天然黏土衬垫	单层人工防渗	复合防渗	双层防渗
膜上保护层	材料	—	无纺土工布	无纺土工布	无纺土工布
	规格	—	≥600g/m²	≥600g/m²	≥600g/m²

4.3.4 填埋场渗滤液收集系统

尽可能的控制垃圾渗滤液产生。

填埋库区渗沥液是由生活垃圾分解后产生的液体与外来水分渗入（包括降水、地表水、地下水）所形成的内流水。其产生通常决定于水分来源、填埋场表面状况、垃圾特性、填埋库区操作运行方式等因素。渗沥液产生原理如图 4-3 所示。

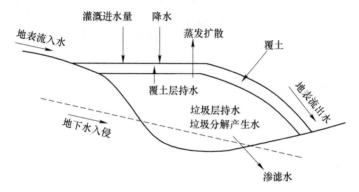

图 4-3 填埋场渗沥液产生原理图

尽管渗沥液产生量受多种因素的影响，如降雨量、蒸发量、地面流失、垃圾特性和地下层结构、表层覆土和下层排水设施等。但渗沥液的主要来源还是降雨和垃圾自身持水。也就是说，降水量和自身持水量数据是决定渗沥液处理规模的重要因素。

本工程渗沥液采用入渗系数法计算，方法如下：

$$Q = Q_1 + Q_2$$
$$Q_1 = q \times (C_1 \times A_1 + C_2 \times A_2 + C_3 \times A_3)/1000$$
$$Q_2 = M \times b$$

式中　Q——渗沥液产生量，m^3/d；

　　Q_1——降雨产生的渗沥液，m^3/d；

　　Q_2——垃圾持水量产生的渗沥液，m^3/d；

　　q——降雨量，mm；

　　A_1——正在填埋作业区面积，m^2；

C_1——正在填埋作业区降水转化为渗沥液系数；

A_2——中间覆盖区面积，m^2；

C_2——中间覆盖区降水转化为渗沥液系数；

A_3——终场覆盖区面积，m^2；

C_3——终场覆盖区降水转化为渗沥液系数；

M——日填埋量，t/d；

b——持水产生渗沥液占填埋量比例。

渗沥液收集系统及处理系统应包括导流层、盲沟、集液井池、调节池、泵房、污水处理设施等，产生的渗沥液应处理达标后排放。

4.3.5 填埋气导排控制系统

填埋场必须设置有效的填埋气体导排设施、填埋气体严禁自然聚集、迁移等。防止引起火灾和爆炸。填埋场不具备填埋气体利用条件时，应主动导出并采用火炬法集中燃烧处理。未达到安全稳定的旧填埋场应设置有效的填埋气体导排和处理设施。

4.3.6 填埋场环境保护

因填埋过程仍存在渗漏风险，因此，必须设置地下水监测井，定期监测地下水水质。填埋场设置地下水本底监测井、污染扩散监测井、污染监测井。填埋场应进行水、气、土壤及噪声的本底监测及作业监测，封场后应进行跟踪监测直至填埋体稳定。监测井和采样点的布设、监测项目、频率及分析方法应按现行国家标准《生活垃圾填埋污染控制标准》（GB 16889）和《生活垃圾填埋场环境监测技术要求》（GB/T 18772）执行。

填埋场环境污染控制指标应符合现行国家标准《生活垃圾填埋污染控制标准》（GB 18889）的要求。

填埋场使用杀虫灭鼠药剂应避免二次污染。作业场所宜洒水降尘。

填埋场应设道路行车指示、安全标识、防火防爆及环境卫生设施设置标志。

4.3.7 填埋作业管理

4.3.7.1 填埋作业准备

填埋场作业人员应经过技术培训和安全教育，熟悉填埋作业要求及填埋气体安全知识。运行管理人员应熟悉填埋作业工艺、技术指标及填埋气体的安全管理。

填埋作业规程应制定完备，并应制定填埋气体引起火灾和爆炸等意外事件的应急预案。

应根据地形制定分区分单元填埋作业计划，分区应采取有利于雨污分流的措施。

填埋作业分区的工程设施和满足作业的其他主体工程、配套工程及辅助设施，应按设计要求完成施工。

填埋作业应保证全天候运行，宜在填埋作业区设置雨季卸车平台，并应准备充足的垫层材料。

装载、挖掘、运输、摊铺、压实、覆盖等作业设备，应按填埋日处理规模和作业工艺设计要求配置。在大件垃圾较多的情况下，宜设置破碎设备。

4.3.7.2　填埋作业

填埋物进入填埋场必须进行检查和计量。垃圾运输车辆离开填埋场前宜冲洗轮胎和底盘。

填埋应采用单元、分层作业，填埋单元作业工序应为卸车、分层摊铺、压实，达到规定高度后应进行覆盖、再压实。

每层垃圾摊铺厚度应根据填埋作业设备的压实性能、压实次数及垃圾的可压缩性确定，厚度不宜超过60cm，且宜从作业单元的边坡底部到顶部摊铺，垃圾压实密度应大于600kg/m³。每一单元的垃圾高度宜为2~4m，最高不得超过6m。单元作业宽度按填埋作业设备的宽度及高峰期同时进行作业的车辆数确定，最小宽度不宜小于6m，单元的坡度不宜大于1:3。

每一单元作业完成后，应进行覆盖，覆盖层厚度宜根据覆盖材料确定，土覆盖层厚度宜为20~25cm；每一作业区完成阶段性高度后，暂时不在其上继续进行填埋时，应进行中间覆盖，覆盖层厚度宜根据覆盖材料确定，土覆盖层厚度宜大于30cm。

填埋场填埋作业达到设计标高后，应及时进行封场和生态环境恢复。

4.4　堆肥处理技术

4.4.1　堆肥原理和分类

堆肥化就是在人工控制下，根据一定的湿度、温度、C/N和通风条件，利用自然界广泛分布的细菌、放线菌、真菌等微生物的发酵作用，人为地促进可生物降解的有机物向稳定的腐殖质转化的过程。

通过堆肥法无害化处理病死畜禽尸体，可将其转化为有机肥，有利于养殖场的自卫防疫，避免病死畜禽尸体随意丢弃导致尸体腐化而滋生病菌，并有效防止不法分子从中谋取暴利，保障人民的身体健康，实现经济的可持续发展。堆肥系统按需氧程度分为好氧发酵和厌氧发酵。好氧发酵具有温度高、基质分解比较彻底、堆制周期短、异味小，可以大规模采用机械处理等优点。厌氧发酵是利用厌氧微生物完成分解反应、空气与堆肥隔绝、温度较低、工艺相对简单，但堆制周期过长、异味浓烈、产品中含有分解不充分的杂质。现代化堆肥工艺基本上都是好氧发酵。

堆肥方式已经广泛应用于垃圾、粪便、污泥等场合。近年来，国外的许多牧场均已开展利用堆肥方式来处理动物尸体。但出于卫生防疫的考量，动物尸体一般只能放置在中间一层，上下层的厚度要超过60cm以上，以起到隔绝的目的。所以，动物尸体堆肥不同于一般的有机物堆肥，难以保证物料混合均一。动物尸体要叠层放置于堆肥物料中，表现为明显的非均一性质。

因为动物尸体具有较低的 C/N（约为5），为保证堆肥的适宜 C/N，需选用具有高碳元素组成特性的物质来作为调整材，符合这一特性的可用辅料为木屑、秸秆、落叶等。

堆肥法发展至今，已出现多种堆制方法来满足不同堆肥原料的堆肥需要，根据堆置方法的不同大致上可以分为频繁翻堆、静态堆制和发酵仓堆肥三种。但对于动物尸体堆肥而言，目前多选择静态堆肥方式或发酵仓堆肥。

4.4.1.1　条垛式静态堆肥

最先用于处理畜禽尸体，其设备要求简单，投资成本低，产品腐熟度高，稳定性好，现也可建成金字塔形。条垛式静态堆肥每3~7d翻堆一次，金字塔形静态堆肥每隔3~5个月进行一次翻堆。在染疫动物体内病原微生物未被完全杀死之前，频繁翻堆可能会导致病原微生物的扩散，同时也会污染翻堆设备，甚至感染翻堆人员。另外频繁翻堆会扰乱动物尸体周围菌群，干扰动物组织降解。

4.4.1.2　发酵仓式堆肥系统

设备占地面积小，空间限制小，生物安全性好，不易受天气条件影响，堆肥过程中的温度、通风、水分含量等因素可以得到很好的控制，因此可有效提高堆肥效率和产品质量。但设备难以容纳牛、马等大型动物，所以只适用于小型染疫动物尸体的处理。

目前逐渐开始利用发酵仓式堆肥法来处理病死禽尸体。自然通风静态发酵仓式堆肥箱，堆肥箱四周都有孔隙，以保证其通风供氧，堆肥箱底部放稻草、秸秆和锯末等垫料，将动物尸体放入堆肥箱后，再用垫料覆盖，一般在堆体温度超过55℃一周后对其进行翻堆处理。

发酵仓式堆肥系统堆肥设备占地面积小，受空间限制小，不易受天气条件影响，生物安全性好，堆肥过程中的温度、通风、水分含量等因素可以得到很好的控制，因此可有效提高堆肥效率和产品质量。

4.4.2 堆肥法的特点和影响因素

4.4.2.1 堆肥法的特点

堆肥法处理动物尸体主要有以下优点：

（1）操作成本低。堆肥的原料比较容易获得，原料一般是非常常见的动物粪便、稻草和秸秆等；在我国农村或畜禽养殖场附近都可就近找到合适的堆肥场地，有效节省了运输成本。

（2）生物安全性好。通过堆肥过程中的高温可有效杀灭染疫动物尸体和粪便中的病原微生物，防止病原的扩散和传播。一般认为温度高于45℃，保持这种温度就可以杀灭病原菌，一般堆肥过程中的温度可以达到60℃，但堆肥靠近表层的部分可能达不到这个温度，需通过翻堆使表层物料达到此温度。

（3）节能环保。堆肥法使动物尸体和畜禽粪便等有机废弃物被转变为易于处理的物料，有效减少畜禽养殖场周边环境污染，改善养殖场卫生条件，处理后的堆肥产品比较稳定，便于储存和运输。与焚烧法和化制法相比，又能较大程度上减少对环境的污染，节约能源。

（4）可以变废为宝。堆肥产品是一种很好的土壤改良剂，能创造一定的经济效益。动物尸体不能直接当作肥料被用于农田，经过堆肥后体积减小，用于农田，可以增加有机质，改善土壤结构。

目前，堆肥法在处理动物尸体方面也存在较多的技术难点和不利的方面，主要有：

（1）需要承担一定的风险。动物尸体堆肥往往需要较长的时间，对于家禽等小型动物一般需要1~2个月，且时间越长，风险越大。另外所需占地面积较大，堆肥时产生的臭气也会对周围居民的正常生活产生一定的影响，翻堆过程中病菌也可能会扩散进而感染工作人员。

（2）堆肥温度不易掌握。堆肥法主要依靠堆制过程中产生的高温杀灭病原微生物，堆肥原材料的各种理化性质、堆体的体积以及堆制地点的天气都会对堆肥升温产生影响，不适宜的条件将造成堆温升高困难，会使堆肥过程延长。因此，需通过更多的研究找到适当的方法来保证堆温的正常升高，以利于堆肥发酵法的推广和利用。

（3）堆肥法产品生物安全性有待进一步评估，肥料的可靠出路仍然是个问题。

尽管堆肥法在美国等地应用较多，因其自身的特点，在国内应用受到一定的限制。

4.4.3　堆肥过程及其影响因素

4.4.3.1　堆肥过程

堆肥过程一般分为升温、高温、降温和腐熟 4 个阶段。升温阶段一般指堆肥过程的初期，堆体温度逐渐从环境温度上升到 50℃ 左右，主导微生物以嗜温微生物为主，包括真菌、细菌和放线菌，分解底物主要为糖类和淀粉类。堆温升至 50℃ 以上即进入高温阶段，这一阶段嗜温微生物受到抑制甚至死亡，嗜热微生物则上升为主导微生物，此时半纤维素、纤维素和蛋白质等复杂有机物也开始强烈分解。现代化堆肥生产的最佳温度一般为 55℃，因为大多微生物在该温度范围内最活跃，降解能力强，可杀死大多数病原菌和寄生虫。高温阶段造成微生物的死亡和活动减少，堆体进入降温阶段，此时嗜温微生物又开始占优势，底物主要为剩余的较难分解的有机物，堆体发热减少，温度开始下降，堆肥进入腐熟阶段。此时，大部分有机物已经分解和稳定，为保持已形成的腐殖质和微量的氮、磷、钾肥等，应使腐熟的肥料保持平衡，防止出现矿质化。

4.4.3.2　堆肥过程的影响因素

A　温度

对堆肥而言，温度是堆肥得以顺利进行的重要因素，也是评价堆肥过程能否成功，能否满足环保标准的重要指标之一。静态堆肥时，一般温度先升高，后降低，所以堆肥初期温度能否迅速升高并维持在 55℃ 以上是堆肥是否成功的关键。另外，在堆肥发酵过程中温度是影响微生物生长的重要因素，当堆肥内部微生物代谢产生的热量聚集，高达 50~65℃ 时，一般堆肥只需 5~6d 即可达到无害化。温度过低将大大延长堆肥周期，而温度过高（大于 70℃）对堆肥微生物则有负面影响。

美国环保局（USEPA）和加拿大环境部（CCME）规定敞开条垛式堆肥中心温度需达到 55℃ 以上并保持至少 15d，堆肥堆积过程中翻堆 5 次以上；静态好氧堆肥和发酵仓堆肥内部需维持在 55℃ 以上不少于 3d。我国《粪便无害化卫生标准》中规定以粪便为原材料的好氧堆肥的最高堆温应达到 50~55℃，持续 5~7d。而目前尚没有专门用于指导染疫动物尸体堆肥的法律法规。

B　含水率

含水率是控制堆肥过程的一个重要参数，因为水分是堆肥内部微生物生长繁殖的必需物质。另外，水分在堆体中移动时，有利于物质的交换。如果堆料含水率过低，堆肥内部的微生物将无法生长，进而造成堆肥升温困难；如果含水率过高，过多的水分会填满堆料空隙，降低氧气的含量，进而降低微生物活力，不利堆温的升高。动物尸体中本来含有较多的水分，因此需加入较多的干垫料。有研究认为，动物堆肥原料的最佳含水率为40%~60%。

C 含氧量

堆肥内部氧气的含量直接影响其中微生物的活力，堆肥材料中有机碳越多，其好氧率越大。通常认为堆体中的最佳含氧量为5%~15%，含氧量过低时会导致厌氧发酵，造成堆温升高困难并产生恶臭；而当含氧量超过15%时，会造成堆体冷却，导致病原菌的大量存活，同时由于主动供氧会使染疫畜禽尸体携带的病原微生物以气溶胶的形式扩散到外部，增加了疫病流行的危险。因此，在处理染疫动物尸体时，通常采用静态堆肥形式，并通过在堆肥底部加垫料的方式将内部的含氧量保持在5%~15%。

D 碳氮比（C/N）

微生物在其代谢过程中每消耗一个氮原子的同时平均需要消耗约30个碳原子，为使堆肥过程中微生物的营养处于平衡状态，一般认为堆肥原料的最佳碳氮比（C/N）在20~40的范围内。堆肥的原材料一般由畜禽粪便及稻草、稻秆等植物源性材料组成。畜禽粪便的碳氮比（C/N）较低，鸡粪为8。为满足堆肥原材料的最佳碳氮比（C/N），通常需与高碳氮比（C/N）的原料按一定比例混合进行调节，如秸秆、干草、木屑等。

E 微生态制剂

在堆肥过程中加入微生态制剂具有多方面的功能，如加快降解速率，缩短堆肥周期，减少氮素的损失等。有研究表明，在家禽粪便堆肥过程中加入氨氧化古生菌，能加快高温阶段进程，缩短堆肥腐熟的时间。但应用于处理染疫动物尸体堆肥的菌剂研究相对较少。由于处理染疫动物尸体的堆肥在原材料组成、理化性质以及物料在堆体内的空间分布上都与其他种类堆肥有较大区别，因此找到一种适用于堆肥法处理染疫动物尸体的菌剂，将有效促进堆肥法在处理染疫动物尸体上的应用。

F 酸碱度

堆肥过程中酸碱度对微生物的活动和氮素的保存有重要影响。通常认为堆肥物料的pH值在6.0~9.0范围内即可满足堆肥内部微生物生长繁殖的需求，大多数堆肥原材料的pH值都满足这一要求。但另一方面，微生物在代谢过程中产生的铵态氮会使pH值升高，不利于氮素的保存，因此，在工厂化快速发酵时应适量添加调节剂，抑制pH值过高。

4.4.4 堆肥作业管理

以家禽为例，说明堆肥法的作业方法。

堆肥法处理家禽尸体所需时间一般在3个月以内，堆肥核心温度一般都可在

55℃持续 3d 以上。鸡舍内可能有害的鸡粪和草垫等废弃物,可以作为堆肥辅料一并降解,极大地降低了染疫家禽处理的成本,阻断了病原微生物通过动物废物继续传播的途径。

堆肥系统包括原料储存系统、原料预处理系统、发酵系统、陈化系统、加工系统、成品储存系统、质量检验系统 7 个部分,各系统功能明确,缺一不可,质量检验系统则需贯穿于堆肥过程的始终。

4.4.4.1 收集病死禽尸体

由于尸体在运输途中会腐烂,并伴随恶臭和病原细菌的扩散,所以运输距离不宜过长。收集的禽尸应尽快处理。禽尸带有大量的病原菌,长时间常温下堆放,将会导致病原微生物的扩散及恶臭,并且会加大后期处理难度,若需储存则需选择远离人和动物活动的地点,远离水源,最好冷冻存储。

4.4.4.2 预处理

在堆肥前需要预处理,预处理主要为解剖尸体。一般需要专门的解剖设备,主要方法包括挤压,冲击和剪切,对于一次性处理少量的禽尸可以选择碾压解剖,以保证后期堆肥过程中堆体温度能顺利升高,有效降解动物尸体,杀灭病原微生物,减少疾病传染源,减少环境污染。

4.4.4.3 铺放堆肥辅料和家禽尸体

在预处理之后,则需根据堆肥所需的水分和碳氮比(C/N),与一定的辅料和菌剂混合。若采用静态堆肥方式则首先需要在地面上铺放堆肥辅料,如干草、木屑、秸秆等碳源补充物以及动物粪便等氮源、微生物源补充物,随后放入解剖后的病死家禽,最后在动物身上覆盖一定厚度的动物粪便等辅料,建成生物安全屏障。

4.4.4.4 堆肥发酵

堆肥建成以后,堆肥内的微生物逐渐降解动物组织,升高堆肥内温度,杀灭绝大部分病原微生物,最终将有害的染疫动物及其粪便转化为有益的植物肥料,达到变废为宝的目的。由于频繁或过早的翻堆会扰乱染疫动物周围的微生物环境,减缓肉尸降解,而且翻堆操作本身及其所引起的气溶胶极大增加了病原微生物向周围环境中扩散的危险,所以堆肥通常采用静态发酵、被动供氧的方式。一般要在堆体温度超过 55℃ 一周后,即在大部分病原微生物被杀死的情况下才能进行翻堆。

4.4.4.5 质量检验

另外，整个堆肥过程中都伴随着质量检验，虽然堆肥内温度的升高、优势嗜热菌的生长繁殖及其抑生作用、变化的酸碱度，以及尸体组织腐烂所释放的氨气等，都是杀灭病原微生物的主要因素，但由于温度具有简便易测的特点，容易被农户采纳和应用，美国和加拿大等地的环境部门都将温度作为评价堆肥发酵过程的重要标准。美国环保局（USEPA）和加拿大环境部（CCME）规定，商业静态堆肥必须升温达到高于55℃在3d以上，同时堆肥升温速度和高温持续时间也成了评价堆肥发酵效率高低的重要标准之一。

4.4.4.6 储存、包装

当堆肥经过一段时间的熟化并趋于完全稳定，水分下降到20%以下，便可进入贮存阶段。在此之前必须经过筛分和包装，筛分出的未分解的动物骨头等需进行粉碎，返料再回流，与辅料汇合进行第二次阶段堆肥，堆肥产品可以进行计量，包装。因为有机堆肥产品总体养分偏低，只能做底肥使用，应用范围存在局限，而堆肥法处理其他有机废弃物的工艺流程比较完善，所以通常还会将堆肥产品进一步加工为有机-无机复混肥料。目前有较多用于生产有机-无机复混肥料的设备，主要步骤包括混合、制粒和干燥等。

注意事项：

第一，堆肥过程应做好工作人员的人身安全防护措施，防止疾病的感染、传播。

第二，在堆肥过程中，可能由于原料类型，设计规模等的变化会导致工艺或系统参数的调整。

4.5 高温法处理技术

4.5.1 高温生物降解原理和特点

传统堆肥周期较长，近年来改进后利用高温生物降解设备，来加速堆肥过程（见图4-4）。

生物降解是指将病死动物尸体投入到降解反应器中，利用微生物的发酵降解原理，将病死动物尸体破碎、降解、灭菌的过程，其原理是利用生物热的方法将尸体发酵分解，以达到减量化、无害化处理的目的。

近年来，随着病死畜禽无害化处理的要求逐渐提高，出现了将高温化制和生物降解结合起来的新技术。此种方法在高温化制杀菌的基础上，采用辅料对产生的油脂进行吸附处理，可消除高温化制后产生的油脂，彻底解决高温化制后产生油脂的繁琐处理过程带来的处理成本增加的难题；同时添加的辅料还可以改善物

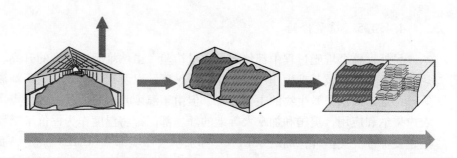

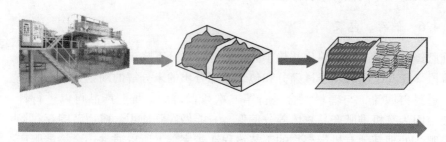

图 4-4　堆肥法操作示意

料的通透性，为后续的生物降解提供条件。在高温化制基础上利用微生物自身的增殖进行生物降解处理，可达到显著的减量化目的。

生物降解技术是一项对病死动物及其制品无害化处理的新型技术。该项技术不产生废水和烟气，无异味，不需高压和锅炉，杜绝了安全隐患，同时具有节能、运行成本较低、操作简单的特点。采用生物降解技术可以有效地减少病死畜禽的体积，实现减量化的目的，进而有效避免乱扔病死畜禽尸体的现象。下面以病死猪生物降解为例，具体说明此法处理技术特点。

（1）微生物的作用。生物降解法处理病死猪，巧妙地将病死猪尸体作为主要的氮源提供者，参与到有利于芽孢杆菌等有益微生物生活繁衍的碳源和氮源环境的营造中来，加快了这些有益微生物快速繁殖，使得尸体有机物快速矿质化和腐殖质化，达到分解的目的，生成微生物、二氧化碳和水等，同时释放能量，持续维持在50℃以上，达到了杀灭病原微生物和虫卵的目的，实现了无害化。

（2）工艺简单实用。病死猪生物降解法，可根据生产规模和需要，因地制宜就地取材，选取农村常用的锯末、稻壳、秸秆等农林副产物作为垫料，建设专用生物发酵池或购买专用处理设备，定期使用简单的机械或人工翻耙、调整水分，或按照推荐的流程操作即可。整个操作过程无复杂的操作工艺，一学就会，简单实用。

（3）处理场所可控。病死猪生物降解法改变了过去找地、挖坑或者长途搬运的麻烦，处理场所一般设置在猪场粪污处理区，多为相对封闭的环境，不与畜禽接触，相对固定、集中、可控，避免了疫病扩散，相对比较安全。

（4）处理效果彻底。不管是生产中产生的各阶段死亡猪尸，还是木乃伊以及胎衣等生产副产物，采用微生物处理，病死猪及其副产物经过微生物的氧化还原过程和生物合成过程，最后矿质化为无机物和腐殖化为腐殖质混合于垫料中，只剩下不能分解的大块骨头。

（5）环境污染极低。由于该法是以耗氧微生物作用为主，氨气、甲烷、硫化氢等产生量很少，处理过程臭味小；由于有锯末等垫料的吸收作用，加之处理在封闭、防渗场所环境下进行，不会因渗漏造成地下水污染。

（6）利用形式多样。由于使用微生物处理角度不同，追求处理效果、效率的要求不同，导致市场上出现各种形式的利用模式。如在堆肥技术上演进的发酵床处理模式，为增加通气性加强发酵效率的滚筒式发酵仓模式，为加快发酵辅助热源的微加温生物降解模式，为加快发酵在辅助热源基础上提前破碎的生物降解一体机模式等。同时，为针对烈性病处理，适应区域性病死动物无害化处理的需要，将高温化制与生物降解结合形成的高温生物降解处理技术。

用生物降解法处理病死畜禽，省时省工，减少机械用工和占地，节约柴油、石灰等能源资源，降低处理成本，提高经济效益。不排放油烟和有害气体，生态环保。病死畜禽经生物发酵处理后，尸体全部分解，与发酵原料充分混合，所生产的生物有机肥或生物蛋白粉是很好的有机肥料，可促进农牧业生产良性循环。具有较好的前景。

4.5.2　高温生物降解工艺

高温与生物降解复合无害化处理工艺流程如图4-5所示。将动物尸体投入破碎机进行预处理，预处理后进入暂存料斗，并进入设备主机，在其中进行灭菌和降解，产生肥料及其他用途产品。

具体为：原料投入→加温→高压加热炉（134℃，0.3MPa，4h）→微生物降解发酵→干燥。

原料投入高压加热炉4h灭菌处理后，物料直接输送至本体装置内，发酵半小时，最后经2h干燥后出料。经高压加热炉处理后，腔体内物料中的所有菌类被杀灭。而微生物始终在冷却循环装置及管道中储存，从而保障下批次投料时迅速繁殖。

工艺特点：

（1）效果无害化和资源化，将生物灭菌和高温灭菌复合处理，处理物和产物均在机体内完成，所产生的气体经过消毒过滤，无异味，达到了彻底的无害化处理。必要时，系统可以提高运行温度到125℃以上来杀菌。

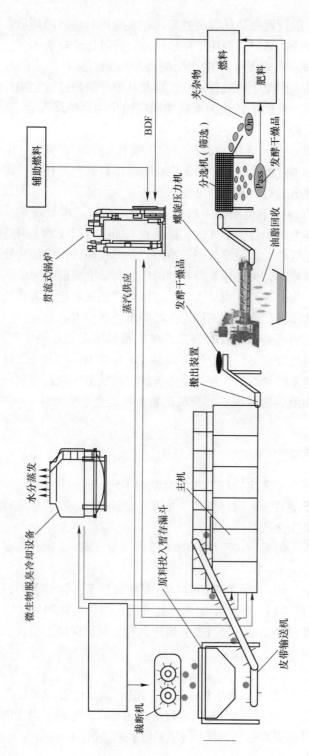

图 4-5 高温与生物降解复合无害化处理工艺流程

（2）反应时间短，操作省时省力，采用电脑控制模式，投料、出料及设备运行全程实现自动化。

（3）环境控制好，无恶臭，因为在真空状态下做发酵干燥处理，臭气不会泄漏到外面。同时，经由微生物的作用，会将恶臭加以分解。

（4）无污水排放。

（5）死猪可以原状直接投入处理（冷冻状态也可以），若使用小型设备时，可能需要简单的切割。经发酵干燥后，可以加工做成没有臭味的副产品（肥料和燃料）。经由螺旋榨油设施，可以将油分与肥料分开来。

（6）相较于化制方法，不采用传统的高压制造方式，而是采用减压低温的处理方式。

4.5.3 主要设备简介

4.5.3.1 破碎机

提升机将周转箱内的病死动物翻转倒入切割机处理。输送设备以及切割机进料斗的尺寸均满足一整头牲畜的输送要求。

切割系统包括：螺旋输送机、两轴或四轴切割机。切割机是无害化处理中心预处理系统中的重要设备之一。切割机将尸体加工成 50mm 宽的条状物并通过重力落入下方的螺旋输送机，输送至高温高压灭菌器。

破碎机实物图如图 4-6 所示。

图 4-6　破碎机实物图

4.5.3.2　高温高压灭菌器

破碎后的物料由螺旋输送机送入高温高压灭菌器，高温灭菌器为立式圆形容器，采用盘管间接加热，通入 0.3MPa/134℃ 的饱和蒸汽，灭菌处理 2h，待病原体微生物被彻底消灭后，物料通过螺旋输送机排入真空发酵干燥装置（RDS）。

4.5.3.3　真空发酵干燥装置

高温高压灭菌处理后的物料由螺旋输送机送入真空发酵干燥装置（RDS 本体），装置内通入蒸汽，同时加入菌种，高温灭菌后的物料在 RDS 装置内进行充分发酵分解和真空干燥，该过程大约需要 4~5h。RDS 本体添加的菌种是从安装设备的现场周边采集的土壤内的微生物中，选取特定的 3 种微生物，用来进行发酵与干燥，这 3 种微生物有着共生关系。

在原料进入设备同时开启微生物除臭冷却装置，开启设备本体自带的真空泵，维持本体内负压，确保产生的气体不外泄。设备本体中抽排的气体通入微生物脱臭装置，脱臭装置为添加微生物的空气冷却塔，利用微生物分解，对恶臭气体脱臭分解。冷却塔的循环水为设备本体降温。

真空发酵干燥装置如图 4-7 所示。

图 4-7　真空发酵干燥装置实物图

4.5.3.4 筛选机

分解和干燥完成后物料通过螺旋输送机送入滚筒式筛选机，经过筛选机进行物料筛分冷却。冷却后的物料定期送入填埋场填埋处置。

4.5.3.5 蒸汽锅炉系统

为给高温高压灭菌器、真空发酵干燥本体供应蒸汽，需设置了蒸汽锅炉。

5 环境保护管理

5.1 动物无害化处理环境保护概述

5.1.1 动物无害化处理环境保护意义

动物无害化处理是防止动物疫病扩散、有效控制和扑灭动物疫情、防止病原污染环境的重要举措，综合美国、澳大利亚、欧盟等有关国家和地区以及世界动物卫生组织（OIE）关于病死动物无害化处理的有关规定，目前比较常用的处理方法包括深埋、焚烧、化制（干法、湿法）、堆肥和高温生物降解等。深埋由于其简易操作性，是传统的处理方式，然而该处理措施占地面积大且极容易污染土壤、地下水及大气，已经在诸多城市限制。焚烧、化制是国内应用的处理手段，以上海市动物无害化处理中心为例，建有焚烧炉处理流水线和高温高压灭菌无害化处理流水线。高温的焚烧炉可以有效控制病原微生物传播，实现彻底的减量化并回收利用热量。然而该处理方法投资成本、运行费用高，同时也会造成非常明显的大气污染。当焚烧效率低，死畜禽量大时，不能及时处理。而湿化法处理动物也同时存在污水问题，均需加强控制管理，干化法存在臭气问题等。

对病死禽畜进行无害化、减量化、资源化处理，本身就是一个以保护环境、造福人类为主要宗旨的环保工程、民生工程。但在建设及运行管理过程中，仍不可避免产生一些二次污染，如污水、固体废弃物、恶臭、噪声等，如不加以控制和管理，将严重影响厂内环境和周边环境，影响区域生态环境。因此，作为生态环境保护的重要组成，加强建设项目的环境保护控制及管理，已经成为项目建设和运行成败的关键因素之一。

5.1.2 项目运行主要污染源分析

5.1.2.1 焚烧废气

对于焚烧处理类而言，运行过程中焚烧会产生烟气，烟气中主要成分来源于处理对象的元素成分，含有酸性气体、颗粒物、重金属等，这些焚烧废气特点主要描述如下：

（1）酸性气体（SO_2、HCl、HF）。从动物尸体的化学组分分析，热解产生的高温热解气体为 CH_4、H_2、CO 等可燃烧气体，高温热解气体在焚烧炉燃烧时，同时添加辅助燃料轻质柴油，整个燃烧过程中会产生含烟尘、NO_x、SO_2、HCl废气。

由于动物尸体和柴油的 S、Cl、N 含量都很低，因此产生的酸性废气较少。

（2）粒状污染物。烟气中粒状污染物（飞灰）主要来自燃烧过程中，随着烟气携带的不可燃无机成分。主要来源于物料本身的灰分以及烟气净化过程中添加的脱硫剂、吸附剂及其产物，其粒径分布在 $1 \sim 100 \mu m$ 左右。

（3）重金属。主要来源于动物尸体内的重金属含量，焚烧后的烟气中可能携带重金属。

（4）一氧化碳。物料成分中的 C、H 在燃烧过程中主要会形成 CO_2 及 H_2O，但也可能有少量燃烧不完全形成 CO，其产生量将视燃烧效率而定。危险废物与空气的良好混合有助于 CO 的降低及维持炉体内适当的燃烧温度。

（5）氮氧化物。在空气氧化过程（含焚烧）中，均可能产生 NO_x，其主要成分为 NO，少部分的 NO 亦会进一步再氧化为 NO_2。NO_2 气体呈淡褐色，在阳光照射及碳氢化合物存在的状况下，进行光化反应，形成臭氧及其他二次污染。

（6）二恶英及呋喃。二恶英主要来源分为以下两种：

1）炉内生成：当物料含氯元素成分较多时，其中的有机氯化物都是二恶英的前驱物，在焚烧过程中，通过分子重组、自由基缩合、脱氯等复杂的热化学反应，由前驱物转化成二恶英。

2）炉外生成：已分解的二恶英在一定条件下重新生成。一般认为，这些已被分解的物质在 $250 \sim 470℃$ 的温度下，遇到适量的触媒物质如氧化铜、铝化铁、碳等，就会重新合成二恶英。

本项目物料中的氯主要来自于动物尸体及其生物制品的包装物，而动物尸体本身含氯量极少，因此物料中的氯含量远远低于生活垃圾中氯的含量。所以，二恶英产生量较生活垃圾焚烧厂要少得多。

5.1.2.2　臭气

焚烧废气主要产生于焚烧工艺，但由于处理对象特征，臭气则是各种工艺都会产生的。

臭气主要来自于动物尸体腐烂气味和动物粪便气味及污水处理设施产出臭气。尸体腐化分解后产生气体物质（包括硫化氢、氨、甲烷、二氧化碳等）和液体物质（含硫醇、尸胺、腐胺、粪臭素和水等），粪便中主要臭气污染物为硫化氢、氨、吲哚、粪臭素，污水处理设施中主要臭气污染物为硫化氢、氨、硫醇。综上，动物尸体处理项目中主要恶臭污染因子为有机胺类（如尸胺、腐胺）、硫化氢、氨、硫醇、吲哚、粪臭素等。

5.1.2.3 废水

废水处理是项目建设运行过程中的重要环节，项目产生的废水主要有焚烧、化制等工艺过程产生的废水；收运过程卸料场地、运输车辆和器具等清洗产生的清洗废水；冷库少量冰霜水和场地冲洗废水；周转箱清洗、消毒废水等。

不同于其他项目的废水处理，在病死动物处理过程中的废水，还可能产生致病菌、消毒剂、油脂类物质。

5.1.2.4 废渣

对焚烧而言，废渣包括从焚烧炉渣和烟气喷淋及除尘等收集下来的飞灰，主要是不可燃无机物。对化制而言，废渣主要为包装物等其他固体废物。废渣也必须进行无害化处理。

5.1.2.5 噪声

无害化处理厂主要噪声来源为风机、水泵、运输车辆等设备空气动力噪声、振动及电磁噪声，其机械设备噪声级一般达85dB（A）左右。因此，需进行相关的控制。

5.1.3 环境保护整体控制

在项目选址及设计中，要非常注重环境保护，主要有以下几点进行整体控制：

（1）污水。各车间产生的污水集中收集，经污水处理站处理后达标排放。设置必要洗车装置，初期雨水截流进入污水系统。

（2）臭气。针对作业过程的臭气进行集中除臭，处理达标排放。

（3）将环保理念体现在设计各环节。在工艺技术中注重环境保护的工艺技术和设备选型；在总平面布置和车间设计中，做好噪音管理和臭气管理，尽可能的减少对周边环境的影响；加强人员的管理，做好人车分流、雨污分流、清污分流等措施。

（4）运行管理。运行中加强运输管理，加强道路保洁管理，环境保护管理和监测。

（5）防疫措施。总平设置防疫缓冲区；将所有可接触病害动物的设施安排在负压封闭的环境内；为防止猫狗等小动物、老鼠及飞鸟进入接触病害畜禽及其粪尿，从而传播疫情，处理中心货流入口设有消毒池，可防止小动物进出，确保防疫消毒安全；同时生产区域定期进行喷药消毒。

（6）绿化隔离。除采取上述污染控制措施外，在厂区四周10m宽隔离带以进一步控制臭气和噪声对周围环境的影响。

5.2　气态污染物处理与管理

动物无害化处理气体的污染主要来自于以下两个方面：一是动物尸体腐烂、动物粪便、污水处理、湿化处理的蒸汽和残余物料散发的恶臭气体态污染物（以下简称"恶臭污染物"）；二是采用焚烧处理工艺产生的烟气污染物。

5.2.1　恶臭污染物的治理措施

5.2.1.1　恶臭污染物来源及组成

动物无害化处理的恶臭污染物主要来自于动物尸体腐烂、动物粪便、污水处理、湿化处理的蒸汽和残余物料。动物尸体腐烂分解后产生气体物质（包括硫化氢、氨、甲烷、二氧化碳等）和液体物质（含硫醇、尸胺、腐胺、粪臭素和水等），动物粪便中主要恶臭污染物为硫化氢、氨、吲哚、粪臭素，污水处理中主要恶臭污染物为硫化氢、氨、硫醇，湿化处理的蒸汽和残余物料中主要恶臭污染物为含油脂有机胺（如尸胺、腐胺）。综上，动物无害化处理中主要恶臭污染因子为有机胺类（如尸胺、腐胺）、硫化氢、氨、硫醇、吲哚、粪臭素等。

氨（NH_3）具有强烈刺激性气味，呈弱碱性，属极性分子，易溶于水，对人体的眼、鼻、喉等有刺激作用。

硫化氢（H_2S）具有刺激性气味，影响大气质量，硫化氢是酸性气体，其水溶液为氢硫酸，是一种二元酸，硫化氢酸性气体会对设备、控制柜等产生酸性腐蚀。

吲哚（C_8H_7N）具有强烈的粪臭味，是芳香杂环有机化合物，扩散力强而持久。

硫醇是包含（-SH）官能团的一类非芳香化合物，除甲硫醇在室温下为气体外，其他硫醇均为液体或固体。甲硫醇（CH_3SH）具有腐烂气味，吸入后会引起头痛、恶心等，对眼睛、皮肤、黏膜和上呼吸道有强烈的刺激作用，高浓度吸入可引起呼吸麻痹而死亡。

尸胺（$C_5H_{14}N_2$）是一种在动物身体组织腐烂时蛋白质腐败时，赖氨酸在脱羧酶的作用下，发生脱羧反应生成的、具有腐恶臭污染物味的化合物，是赖氨酸在脱羧酶的作用下脱羧的产物，常温下为浆状液体，深度冷冻可凝固结晶。在空气中发烟，能形成二水合物。

腐胺（$C_4H_{12}N_2$）具有一定刺激性气味，是利用鸟氨酸脱羧而产生，存在于腐败物中，也多胺的一种，含于核蛋白体中，作为生物体的正常成分而广泛存在着。

粪臭素（C_9H_9N），3-甲基吲哚，具有强烈的粪臭味，扩散力强而持久，浓度高时气息令人作呕。

各主要污染物特性详见表 5-1。

表 5-1 主要恶臭污染物物质特性表

物质名称	化学式	气体特征	初始浓度 /$\times 10^{-6}$	极限浓度 /$\times 10^{-6}$	相对分子质量
氨	NH_3	非常刺激	0.037	46.8	17.03
硫化氢	H_2S	臭鸡蛋味	0.00047	0.0047	34.1
吲哚	$C_2H_6NH_2$	让人作呕	—	—	117.15
甲硫醇	CH_3SH	腐烂味	0.0011	0.0021	48.1
尸胺	$NH_2(CH_2)_5NH_2$	腐臭	—	—	102.18
腐胺	$NH_2(CH_2)_4NH_2$	腐臭	—	—	88.15
粪臭素	C_9H_9N	恶心的排泄物	0.0012	0.47	131.2

5.2.1.2 常用恶臭污染物处理工艺

恶臭污染物处理工艺，又称"除臭工艺"，是指对于需除臭区域无法密闭或不便密封空间恶臭气体的恶臭污染物浓度降低、恶臭气体中有害及致臭成分的分解，对于需除臭区域可密闭空间的恶臭气体的收集、输送、处理和排放。

环境工程常用除臭工艺，主要有以下几种：生物法；离子氧法；臭氧氧化法；吸附法；燃烧法；化学酸碱洗涤法；植物液法。

A 生物法

生物法，主要利用微生物降解恶臭气体中的恶臭污染物，气体流经生物活性滤料，滤料上附着的微生物会分解恶臭污染物，产生相应的二氧化碳、水、硫酸、硝酸和其他无臭无害小分子。

在过去的 30 年内，生物除臭在欧洲垃圾处理行业除臭应用较为广泛，但国内的垃圾处理成分更复杂、规模较大，导致生物除臭在国内垃圾处理项目的使用率并不高。其利用微生物的对有机恶臭污染物因子的生物降解以完成除臭过程。

（1）除臭机理。生物法除臭是利用固-相和固-液相反应器中微生物的生命活动降解气流中所携带的恶臭成分，将其转化为恶臭气体浓度比较低或无臭的简单无机物质（如二氧化碳、水和无机盐等）和生物质。生物除臭系统与自然过程较为相似，通常在常温常压下进行，运行时仅需消耗使恶臭物质和微生物相接触的动力费用和少量的调整营养环境的药剂费用，属于资源节约和环境友好型净化技术，总体能耗较低、运行维护费用较少，较少出现二次污染和跨介质污染转移的问题。

就恶臭物质的降解过程而言，气体中的恶臭物质不能够直接地被微生物所利用，必须先溶解于水才能被微生物所吸附和吸收，再通过其代谢活动被降解。因此，生物除臭必须在有水的条件下进行，恶臭气体首先与水或其他液体接触，气态的恶臭物质溶解于液相之中，再被微生物所降解。一般说来，生物法除臭包括了气体溶解和生物降解两个过程，生物除臭效率与气体的溶解度密切相关。就生物膜法来说填料上长满了生物膜，膜内栖息着大量的微生物，微生物在其生命活动中可以将恶臭气体中的有机成分转化为简单的无机物，同时也组成自身细胞繁衍生命。生物化学反应的过程不是简单的相界转移，是将污染物摧毁，转化为无害的物质，其环境效益显而易见。

一般认为生物法除臭可以概括为三个步骤：

1）臭气首先同水接触并溶于水中（即由气膜扩散进入液膜）。

2）溶解于液膜中的恶臭成分在浓度差的推动下进一步扩散至生物膜，进而被其中的微生物吸附并吸收。

3）进入微生物体内的恶臭污染物在其自身的代谢过程中被作为能源和营养物质分解，经生物化学反应最终转化为无害的化合物（如 CO_2 和 H_2O）。生物膜-双膜理论示意图如图 5-1 所示。

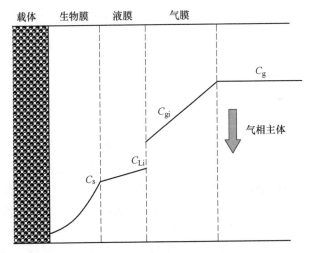

图 5-1 生物膜-双膜理论示意图

C_g—废气中的污染物浓度；C_{gi}—相界面上污染物的气相浓度；
C_{Li}—相界面上与气象浓度相平衡的液相浓度；C_s—进入生物膜的污染物液相浓度

（2）应用及特点。该除臭工艺目前广泛应用于污水处理、污泥和垃圾堆肥项目、好氧工艺渗沥液处理项目、餐厨垃圾处理、渗沥液处理等。其优点是：能处理多种不同的恶臭污染物，技术成熟稳定，处理效果有保障，运行费用低，无二次污染、除臭后尾气嗅觉感官好；缺点是：对有机胺类大分子有机恶臭污染物去除效果取决于是否能驯化出合适的菌种，有一定的除臭效率极限，占地面积大，适合于长期连续运行工况，抗冲击能力差。

B 离子氧法

离子氧法利用氧离子等物质的强氧化性，氧化分解空气中的污染因子，从而达到除臭目的。由离子发生器通过低高压界面放电，使空气中部分氧分子离子化，形成有较高活性的正、负离子氧群和强氧化性自由基·O、·OH、·H_2O等。恶臭污染物分子与离子氧群混合，离子氧群将有机污染物、甲硫醇、氨、硫化氢等致臭污染物降解成恶臭污染物阈值高的物质，以降低恶臭浓度、达到恶臭气体净化目的。

（1）除臭机理。离子氧法的空气净化过程原理包括了物理和化学过程，过程涉及预荷电集尘、催化净化及正、负离子发生作用。

（2）预荷电集尘过程。利用不均匀的电场形成电晕放电，产生正、负离子体。再通过通风机的输送，使离子体中的电子及正、负离子在电场作用下与空气中的尘粒碰撞而附于尘粒上，带电的尘粒在电场的作用下向电极迁移，沉积在电极上，由此吸附了污染空气中带不同电荷中的细微颗粒和悬浮物，形成较大分子团沉降，进而从空气中得到有效的分离。

（3）催化净化机理。包括两个过程：一是在与产生的正、负离子体的接触过程中，一定数量的有害气体分子受高能作用，本身分解成单质或转化为无害物质；二是正、负离子体中具有大量高能粒子和高活性的自由基，这些活性粒子与有害气体分子作用，打开了其分子内部的化学键并产生了大量的自由基和强氧化性的 O_3，他们与有害气体发生反应而转化为无害的物质（氧化分解空气中的污染因子）。

（4）正、负离子发生作用。活跃的正离子可减少那些化学性能不受负离子作用和控制的不稳定有机化合物气体，很多挥发性有机化合物（VOC）污染物质不受负离子发生器作用而被正离子分解。同样，分子失去电子时释放的电子瞬间与另一中性分子结合，使空气中有害物质分子带有负电荷，而带负电荷的微粒与带正电荷的微粒不断结合，最终降落下沉。另外，氧离子在有效地氧化分解化学物质的同时，高能量的离子和分子能即刻对空气消毒（氧化、杀灭细菌），中和、去除异臭味。

（5）应用及特点。该除臭工艺作为末端除臭工艺目前广泛应用于垃圾中转、污水处理、粪便处理等。该除臭工艺非常适合和车间送风系统结合，作为离子氧送风除臭系统，提供高能正负离子氧，有效去除车间内空气中的微粒和异味，改善室内工作环境空气品质，作为前端送风除臭工艺。目前广泛应用于垃圾中转、污水处理、粪便处理、污泥处理、餐厨处理等。其优点是：除臭效果较好、使用方便、处理成本较低、占地面积较小；缺点是：适用于低浓度、相对湿度≤80%的恶臭气体处理，对较高浓度恶臭气体处理效率有限。

C　臭氧氧化法

臭氧氧化法，利用臭氧是强氧化剂的特点，使恶臭污染物中的化学成分氧化，达到除臭的目的。臭氧氧化法有气相和液相之分，由于臭氧产生的化学反应较慢，对氨的处理能力有限，一般先通过其他除臭方法，去除大部分恶臭物质，然后再进行臭氧氧化。为提高臭氧的化学反应速率，常用臭氧和紫外光辐射结合的处理工艺，故又称"（紫外）光催化氧化法"，即利用两种不同波长的高能级紫外辐射相互协同作用和臭氧与紫外辐射相互协同作用，产生羟基自由基（-OH），对恶臭污染物进行除味净化、消毒、灭菌，使臭氧净化更具优势，速度更快、净化气体范围更广。

臭氧氧化法，具有一定的抑制细菌作用，且能分解有机恶臭污染物，但因臭氧过量会增加环境污染，对人体健康有一定危害（臭氧被吸入呼吸道时，会与呼吸道中的细胞、流体和组织很快反应，导致肺功能减弱和组织损伤），故必须对臭氧产生量加以控制。

（1）除臭机理。特定波长的真空紫外辐射激活氧分子后生成一定浓度的 O_3。O_3 在另外一种波长的紫外线照射下与水（H_2O）发生链式反应，产生高能中间物：羟基自由基、H_2O_2 等。

其反应方程式为：

$$O_3+h\upsilon \rightarrow O_2+\cdot O；\quad \cdot O+H_2O_2 \rightarrow \cdot OH+\cdot OH \quad 或$$
$$O_3+H_2O+h\upsilon \rightarrow O_2+H_2O_2；\quad H_2O_2+h\upsilon \rightarrow 2\cdot OH$$

上述两种化学方程式反映出：1mol 的 O_3 可以生成 2mol·OH。它能与无机物和有机物发生氧化反应使其分解。

（2）应用及特点。该除臭工艺目前广泛应用于化工污染物处理、危废处理等。其优点是：除臭效果较好、使用方便；缺点是：对氨的去除率较低，臭氧过量会照成环境污染，应控制在 0.16mg/m^3 以下。

D　吸附法

吸附法是采用比表面积大、吸附能力强、化学稳定性好、机械强度高的吸附材料，可对收集恶臭气体中大量有机污染组分进行吸收和浓集，达到除臭目的。为了有效地除臭，通常在吸附塔内布置不同性质的吸附材料，如吸附酸性物质的吸附材料，吸附碱性物质的吸附材料和吸附中性物质的吸附材料，恶臭气体和各种吸附材料接触后，污染组分被吸附。整个吸附过程极快，只需要很短的停留时间即可以吸附大量恶臭污染物组分。吸附法与化学酸碱洗涤法相比较，具有较高的效率，常用于低浓度恶臭气体或除臭装置的后续处理。当吸附材料达到饱和后，必须更换吸附材料。为保证系统有效运行需定期更换吸附材料及对吸附材料进行再生处理，此方法如单独使用成本较高。结合经济运行，常用于环境空气品质控制要求高的项目，串联于其他除臭工艺之后的工序。

（1）除臭机理。吸附法是依据多孔固体吸附剂的化学特性和物理特性，使恶臭物质积聚或凝缩在其表面上而达到分离目的的一种除臭方法。

（2）应用及特点。该除臭工艺目前广泛应用于危废处理、焚烧处理、垃圾中转、化工污染物处理等，常用于串联其他工艺后作强化处理。其优点是：对进气流量和浓度的变化适应性强，设备简单，维护管理方便，除臭效果好，且投资不高；缺点是：需定期更换吸附材料或进行吸附材料的再生，如不作为强化处理则吸附材料易饱和，处理成本高，对被处理恶臭污染物的相对湿度要求较高。

E　燃烧法

燃烧法分直接燃烧法和触媒燃烧法。

（1）直接燃烧法。一般将燃料气与恶臭气体充分混合，在 $600\sim1000℃$ 下，实现完全燃烧，使最终产物均为 CO_2 和水蒸气，使用本法时要保证完全燃烧，部分氧化可能会增加臭味，进行直接燃烧必须具备三个条件：

1）恶臭物质与高温燃烧气体在瞬间内进行充分的混合。

2）保持恶臭气体所必须的燃烧温度，一般为 $700\sim800℃$。

3）保证恶臭气体全部分解所需的停留时间，一般为 $0.3\sim0.5s$。

直接燃烧法适于处理气量不太大、浓度高、温度高的恶臭气体，其处理效果比较理想的，同时燃烧时产生的大量热还可通过热交换器进行废热的有效利用。但是它的不足就是消耗一定的燃料。

（2）触媒燃烧法，又称为催化燃烧法。使用催化剂，恶臭气体与燃烧气的混合气体在 $200\sim400℃$ 发生氧化反应以去除恶臭气体，催化燃烧法的特点是装置容积小，装置材料和热膨胀问题容易解决，操作温度低，节约燃料，不会引起二次污染等。缺点是只能处理低浓度恶臭气体，催化剂易中毒和老化等。

如图 5-2 所示是常见的燃烧除臭塔。

应用及特点：该除臭工艺目前广泛应用于主体工艺采用焚烧处理或可燃物浓度较高的项目。燃烧法对于初投资、运行管理、尾气排放要求较高，最适用于小风量、高浓度除臭，非常适合动物无害化处理主体采用焚烧处理的情况。

F　化学酸碱洗涤法

化学酸碱洗涤法是利用恶臭污染物中的某些物

图 5-2　燃烧除臭塔布置图

质与药液产生中和反应的特性，如利用呈碱性的苛性钠和次氯酸钠溶液，去除恶臭污染物中硫化氢等酸性物质。

（1）除臭机理。洗涤法的原理是通过气液接触，使气相中的污染物成分转移到液相中，传质效率主要由气液两相之间的亨利常数和两者间的接触时间而定，使用洗涤法去除气体中的含硫污染物（如 H_2S、CH_3SH）时，可在水中加入碱性物质以提高洗涤液的 pH 值或加入氧化剂以增加污染物在液相中的溶解度，洗涤过程通常在填充塔中进行，以增加气液接触机会，化学洗涤器的主要设计是通过气、水和化学物（视需要）的接触对恶臭气体物质进行氧化或截获。主要的形式由单级反向流填料塔、反向流喷射吸收器、交叉流洗脱器。

部分反应如下：

与硫化氢的反应：$H_2S+4NaOCl+2NaOH \longrightarrow Na_2SO_4+2H_2O+4NaCl$

$$H_2S+2NaOH \longrightarrow Na_2S+2H_2O$$

$$H_2S+NaOCl \longrightarrow NaCl+H_2O+S$$

与氨的反应：$\qquad\qquad 2NH_3+H_2SO_4 \longrightarrow (NH_4)_2SO_4$

与甲硫醇的反应：$\qquad CH_3SH+NaOH \longrightarrow CH_3SNa+H_2O$

（2）应用及特点。该除臭工艺目前广泛应用于危废处理、焚烧处理、化工污染物处理等，常用于串联其他工艺后作强化处理。其优点是：对成分单一、选用药剂合适的恶臭污染物除臭效果好；缺点是：反应机理单一，不与药液反应的恶臭污染物较难去除，通常需要串联其他除臭工艺一起使用，除臭后所产生的废液仍需专门污水处理，否则将造成二次污染。

化学洗涤设备如图 5-3 所示。

G　植物液法

植物液是以植物为原料，按照对提取的最终产品的用途的需要，经过物理化学提取分离过程，定向获取和浓集植物中的某一种或多种有效成分，而不改变其有效结构而形成的产品，其在医药、保健食品、食品添加剂、着色剂、护肤品以及异（臭）味控制等行业中广泛应用。

按照植物液的成分不同，可形成醇、生物酸、生物碱、醛、酮、多酚、多糖、萜类等产品。凭借特定的官能团，这些物质对恶臭物质具有很好的物理化学活性。可根据恶臭气体源的特性，针对性的选择不同作用的植物液产品进行复配并做到"对症下药"，以达到良好的异（臭）味控制效果。

植物液化学、物理性质稳定，无毒性，对皮肤无刺激性，与恶臭污染物反应后不会生成有毒副产品，不会造成二次污染，可适用于各种工作场所，运输、储存和使用安全方便。

（1）使用方式方法。常见的植物液除臭法主要有本源喷洒除臭、空间雾化除臭和植物液洗涤除臭三种方式：

1）本源喷洒除臭，是将植物液按照一定的使用比例稀释后，通过喷洒设备将其直接喷洒在臭源表面，以达到除臭的目的。

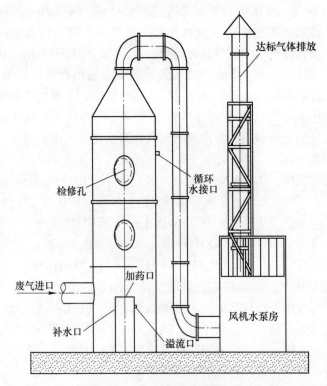

图 5-3 化学洗涤设备

2）空间雾化除臭，是将植物液按照一定的使用比例稀释后，通过雾化设备将其直接雾化在无组织臭源排放的区域或空间内部，以达到除臭的目的。

3）植物液洗涤除臭，是将化学酸碱洗涤法中的化学药剂替换成针对恶臭气体源特性配置的植物液产品（不同的植物液产品配方不同），由植物液参与恶臭气体净化过程中的洗涤（传质吸收），恶臭气体在植物液洗涤设备中经过溶解、有机酸碱中和反应、酯化反应、氧化还原反应等，使恶臭污染物被吸收或转化为无毒无害物质，从而达到除臭的目的。

（2）除臭机理。植物液除臭机理主要为传质吸收，包括物理吸收和化学吸收。

物理吸收：污染物在水中有一定的溶解度，植物液中的醇类等物质能提高有机污染物在水中的溶解度，实现污染物从气相转移到液相的传质过程。

化学吸收：通过植物液中的活性成分与污染物之间的化学反应，实现化学吸收，提高传质效率和速度，从而提高污染物去除效率。

典型的化学反应包括（但不限于）以下几种类型：

1）（有机）酸碱中和反应。植物液中含有的生物酸和生物碱可以与硫化氢、氨、有机胺等恶臭气体分子反应。

例如：植物液中含柠檬酸等有机酸成分，可与氨气等碱性气体发生中和反应；胺等有机碱可与乙酸等酸性气体发生中和反应；海鲜加上柠檬，可以去除腥味；利用醋可明显去除厕所的臭味（氨）；采用醋、柠檬酸等有机酸可以去除肉类中产生腥臭物质（碱性物质）等等。

与一般酸碱反应不同的是，一般的碱是有毒的，不可食用的，不能生物降解，植物液却是能生物降解，并且无毒；常见的植物中的有机酸有脂肪族的一元、二元、多元羧酸如柠檬酸、酒石酸、草酸、苹果酸、枸橼酸、抗坏血酸（即维生素 C）等，芳香族有机酸如苯甲酸、水杨酸、咖啡酸等等。已知生物碱种类很多，约有一万多种，主要类型包括：有机胺类、吡咯烷类、吡啶类、异喹啉类、吲哚类、莨菪烷类、嘌呤类等等。

2）氧化还原。植物液中醛、酮类成分可与氨和硫醇等还原性的物质等发生氧化还原反应，植物液中的还原性物质亦可跟恶臭气体中的氧化性物质发生氧化还原反应。

3）酯化反应。植物液中的醇类物质可与有机酸发生酯化反应；植物液中的单宁类物质亦可以同异味分子发生酯化或酯交换反应，从而去除异味或生成具有芳香的物质。植物单宁又称植物多酚，是植物体内的复杂酚类次生代谢产物，具有多元酚结构，主要存在于植物体的皮、根、叶、壳和果肉中。植物多酚在自然界中的储量非常丰富。例如：葱和姜可以去除肉类的腥味。

4）应用及特点。该除臭工艺目前广泛应用于垃圾填埋、垃圾中转、餐厨垃圾处理、渗沥液处理、污水处理、动物无害化处理等。其优点是：除臭效果好、抗冲击负荷能力较强、运行启动较快并可迅速完成除臭过程；由于液剂原料取自无毒、无害的植物，其处理过程无二次污染；缺点是：植物液属消耗品，有效的除臭用植物液运行成本较高。

5.2.1.3　恶臭污染物控制措施

A　臭源控制

对恶臭污染物的污染源控制，非常重要。应尽可能使用密封性较好的物料卸料、输送、转运、破碎、处理设施，如，工艺储存设备自带密封盖（罩），平时关闭密封，仅使用作业时打开；物料输送设备由工艺设备配套有效的轻质隔板隔断，以减少输送作业时恶臭气体外逸。应尽可能缩短物料暂存和处理区域的运输线路，并对连通通道采取土建密封。应对相应的处理区域进行负压控制，将恶臭污染物收集后集中处理，避免恶臭污染物无组织扩散。对不同使用功能的处理厂房进行土建隔断，无法土建或轻质隔断的不同功能区则采用风幕机送风使气流相对隔断，以减少恶臭气体外逸。可对无法完全密封的作业区采用适当的前端预处理，如采用植物液或生物制剂雾化喷淋，采用离子氧新风送风，降低恶臭污染物浓度。

B　气流控制

合理的气流控制，可以提高恶臭气体的捕集效率，有效降低厂房的恶臭污染物浓度，改善厂房内工作环境的空气品质。应根据厂房的使用功能，将厂房划分为重点污染区域、一般污染区域和保护区域。重点污染区域，如物料卸料、输送、转运、破碎、处理设施，多为臭源散发位，应优先局部排风净化处理，减少恶臭气体扩散到其他区域；一般污染区域，如物料运输通道、车辆回转通道，适当采用机械送风为主，有组织地将气流引向重点污染区域，该区域考虑部分除臭排风或不单独排风（以重点污染区域的除臭排风代替）；保护区域，主要为各功能用房，如控制室、休息室、设备间，宜考虑适当补充机械送新风，避免厂房恶臭气体扩散到各功能用房。

C　除臭控制

因动物无害化处理的恶臭污染物成分复杂，有机污染物成分较多，建议采用组合式除臭工艺，使其具有运行费用低、对各种污染物的广谱性好、处理效率高、系统稳定性、抗冲击负荷能力强的特性。有条件时，应优先采用不产生二次污染的环境友好型除臭方式，确保除臭处理后的气体优于国家规范和地方规范的排放要求。

5.2.1.4　除臭系统设计原则

除臭系统的定义是指对于需除臭区域无法密闭或不便密封空间臭气的臭气浓度降低、臭气中有害及致臭成分的分解，对于需除臭区域可密闭空间的臭气的收集、输送、处理和排放。

A　设计原则

（1）重点部位预处理及重点处理。

（2）阻止臭气外溢。

（3）通过管道有效收集，收集后处理达标排放。

B　臭源

（1）动物尸体运输车。

（2）用于动物尸体运输、卸料的运输车转运通道、卸料储罐区。

（3）用于清洗箱体的周转箱清洗区。

（4）用于动物尸体破碎、输送的破碎机平台区、物料输送设备区。

（5）用于动物尸体实验取样分析的解剖室。

（5）用于动物尸体暂存的冷库。

（6）配套污水处理设施区。

C 臭气控制措施

以焚烧为例，焚烧车间负责动物尸体的卸料、暂存、破碎和焚烧。焚烧段：工艺焚烧线引风机置于系统最末端，自回转窑开始焚烧系统均处于密封、负压环境，二燃室内动物尸体高温焚烧，焚烧过程已将恶臭污染物分解，出渣无恶臭味。因此动物尸体的卸料、暂存、破碎、输送的运输车转运通道、卸料储罐区、破碎机平台区、物料输送设备区、解剖室、冷库是除臭处理的重点区域。

（1）设备密封、土建隔断、气流阻隔。尽可能使用密封性较好的工艺破碎、输送设备；卸料储罐工艺设备自带盖（罩），平时关闭密封，仅卸料作业时打开；破碎机平台及平台下部的物料输送设备区由工艺设备配套有效的轻质隔板隔断，以减少破碎、输送作业时臭气溢出。

运输车转运通道外门处设向下吹风风幕机，以减少动物尸体运输车进出运输车转运通道产生的气流扰动。

（2）运输车转运通道。运输车转运通道，用于动物尸体运输车按控制和现场调度要求分泊位卸料。其臭气主要来自以下几方面：

1）动物尸体运输车上动物尸体装载容器未密封处自由散发臭气；

2）室内冲洗排污时杂质粘附在排污水沟中、透过盖板空隙处散发臭气；

3）动物尸体运输车卸料作业，运输车转运通道和卸料储罐区连接处逸散至运输车转运通道臭气。

在运输车转运通道合适位置设离子氧送风系统（兼作补风和除臭预处理），运输车转运通道不单独设排风系统（由卸料储罐区、周转箱清洗区除臭排风系统一并承担），通过一定的气流组织，确保运输车转运通道内气流流通，臭气不聚积。

（3）卸料储罐区、破碎机平台区。卸料储罐区、破碎机平台区，用于动物尸体卸料、破碎，便于后续加料焚烧。其臭气主要来自以下几方面：

1）动物尸体卸料时，倾倒过程中的尸体表面与周边空气接触时散发臭气；

2）动物尸体破碎时，动物尸体内部散发臭气；

3）未及时清洗干净的工艺设施、地面、壁面附着垃圾散发臭气；

4）室内冲洗水排污时盖板空隙处散发臭气。

卸料储罐区、破碎机平台区是臭气浓度最高区域。为尽可能减少该区域臭气外溢影响运输车转运通道空气品质，对该区域的臭气进行重点收集处理。采用风管收集、负压吸引收集该区域内臭气，送至末端的组合除臭系统进行处理，处理达标后经排气筒排入大气。并在运输车转运通道、破碎机平台区合适位置设离子送风系统，减少卸料、破碎作业逸散臭气对运输车转运通道的影响。

（4）物料输送设备区。破碎机平台下部的物料输送设备区，用于破碎后物料输送。该区域正常工况密封性较好，外逸臭气较少，但如果采用的工艺设施接口处密封性不佳则易从接口外逸臭气。设计考虑预留除臭接口，根据实际运行情况，确定该区域是否需要适当除臭排风收集。

（5）周转箱清洗区。周转箱清洗区，用于运输车配套箱体清洗。其臭气主要来自于以下几方面：

1）未及时清洗干净的周转箱、地面、壁面附着垃圾散发臭气；

2）室内冲洗水排污时盖板空隙处散发臭气。

采用风管收集、负压吸引收集该区域内臭气，送至末端的组合除臭系统进行处理，处理达标后经排气筒排入大气。

（6）解剖室。解剖室，用于动物尸体实验分析解剖取样。其臭气主要来自于以下几方面：

1）动物尸体解剖取样过程中，由尸体内部散发臭气；

2）未及时清洗干净的工艺设施、工作台、地面、壁面附着垃圾散发臭气。

解剖取样间设吊顶，减少除臭空间容积，确保通风换气效果。该房间臭气送至末端的组合除臭系统进行处理，处理达标后经排气筒排入大气。并在适当部位设离子送风系统，降低车间内恶臭污染物浓度。

（7）冷库气流组织。冷库，用于暂时存放无法马上焚烧作业的多余动物尸体。其臭气主要来自于以下几方面：

1）由于长时间存放，由动物尸体散发臭气；

2）运输车作业时，因车辆进出引起的气流扰动来自于运输车转运通道的臭气。

冷库环境比较特殊，较大的通风量将增加工艺制冷负荷，考虑冷库工作环境的特殊性，宜仅在人员作业或冷库故障时适当除臭排风。该房间臭气送至末端的组合除臭系统进行处理，处理达标后经排气筒排入大气。

（8）污水处理区除臭。污水处理区的污水池及处理设施需加盖除臭，臭气收集至末端植物液洗涤+离子氧除臭设备处理，达标排放。

5.2.1.5　臭气监测

在末端除臭系统管道入口处和末端排放口预留监测 H_2S 和 NH_3、臭气浓度检测孔，定期对排放气体进行测试，确保除臭设备处理效果。

5.2.2　烟气污染物的治理措施

5.2.2.1　概述

焚烧法是一项国内外普遍采用的动物处理方式，可以彻底消灭有害病原微生物，彻底实现无害化、减量化、资源化，拥有成熟可靠的技术。焚烧法是指在焚烧炉内，使动物尸体及相关动物产品在富氧或无氧条件下进行氧化反应或热解反应的方法。可分为直接焚烧法和炭化焚烧法两种。

目前，病死动物尸体焚烧装置的建设在国内属于新兴阶段，参考相关固废焚烧工程经验，病死动物焚烧处理可用设备有：气化熔融炉、炉排炉、热解炉、回转窑，其中回转窑焚烧系统作为建议。

焚烧处理动物与其他固体废弃物焚烧类似，同样会导致大量的烟气污染物，对大气环境造成二次污染。病死动物焚烧产生的烟气污染物包括有：有毒气体（一氧化碳、氮氧化物、二氧化硫、氯化氢等）、二恶英类物质、粉尘颗粒物及其携带的重金属物质等。

为了控制和处理焚烧处理产生的气态污染物，避免对大气造成污染，在焚烧技术以及烟气净化处理上都需要做出相应对策。

5.2.2.2 治理技术

A 焚烧技术

在焚烧炉操作过程中，应做好合理配料进料、合理配风，控制合理的燃烧时间与温度，使物料得到充分的燃烧。焚烧前可对死亡动物进行冷冻破碎处理，节省炭化时间，节省运行费用，同时也提高焚烧效率，避免 CO、颗粒物等不完全焚烧污染物产生。炭化温度应控制在 550~650℃，焚烧温度不低于 850℃。焚烧时的高温可以降解动物尸体内本身存在的如二恶英类有机污染物，防止进入烟气污染，同时也能提高焚烧效率减排不完全焚烧污染物。

焚烧炉的设计上，应当保证良好的密闭性，不发生烟气外泄，符合国家对于废弃物焚烧炉的环保要求。

B 投料口烟气处理

当焚烧炉长期处于超负荷运行状态下，设备性能下降，炉膛内外压力失衡，物料未经充分燃烧和过量空气系数发生变化，导致腐败的有机物在碳化过程中产生的黑烟和恶臭污染物在投料时外泄，对工作环境产生较大的影响。

可以改善的方式为：对投料口黑烟和恶臭污染物进行源头收集。改造原焚烧炉，在焚烧炉上方安装抽烟机，投料口正上方装烟罩，将收集的烟气送入管道；烟道与原排烟管用三通将两路吸烟管道连接，一同进入尾气处理系统。

C 尾部烟气净化处理

尾部烟气净化处理系统是气态污染物减排的关键技术。对于焚烧烟气，应采取调温急冷、酸碱中和、活性炭喷射、除尘、脱硫脱硝等净化措施。

（1）烟气急冷系统。烟气急冷系统采用顺流式喷淋塔，高温烟气从喷淋塔顶部进入，经过布气装置使烟气均匀地分布在塔内，同时喷淋塔顶部喷出的水雾与烟气直接接触，使烟气温度在 1s 内急速下降至 200℃以下，以避开二恶英再合成的温度区间（200~500℃），从而达到抑制二恶英再生成的目的，同时还具有洗涤、除尘的作用。

（2）SNCR 脱硝系统。采用非催化法还原工艺（SNCR）控制 NO_x，在二燃室设置尿素喷枪，通过在烟气中喷射尿素溶液与 NO_x 反应进行脱硝。在温度为 850～1050℃ 范围内，尿素与 NO_x 进行选择性反应，使 NO_x 还原为 N_2 和 H_2O，达到脱硝之目的。控制尿素与 NO_x 的比例在 2∶1 时，NO_x 的还原效率较高，可达 30%～50%。

（3）脱酸系统。根据动物尸体焚烧产生的酸性气体量，对于相对较低的可以直接采用干法脱酸处理即可满足排放标准限值要求。干法脱酸是采用碳酸氢钠作为脱酸剂，烟气温度在 200℃ 左右时小苏打与酸性物质的反应效率最高，酸性去除效率可高达 90% 以上。此外也可同样采用半干法脱酸系统。

（4）布袋+活性炭喷射系统。在烟道内喷射活性炭，活性炭与烟气一起进入袋式除尘器中，附着在滤袋表面上，与通过滤袋表面的烟气充分接触以吸附烟气中的重金属及二噁英类物质，从而达到去除烟气中重金属及二噁英类物质的目的。布袋除尘器则可以截留经过干法脱酸及活性炭喷射系统后烟气中携带的粉尘，保障出口的烟气低尘。并且布袋温度控制在 120℃ 左右，避开了二噁英等物质的再生及解吸附。

5.2.2.3　气态污染物控制标准

目前，针对动物焚烧无害化处理的气体污染物没有专门标准，但可以参考相关标准。

A　恶臭污染物排放标准

有组织或无组织的恶臭污染物可以参考（GB 14554—1993《恶臭污染物排放标准》），有条件的参考《恶臭（异味）污染物排放标准》（上海市）DB31/1025—2016 中新源"恶臭（异味）污染物排放控制要求"。见表 5-2～表 5-5。

表 5-2　《恶臭污染物排放标准》(GB 14554) 厂界标准值（一级标准）

控制项目	氨	三甲胺	硫化氢	甲硫醇	甲硫醚	二甲二硫醚	二硫化碳	苯乙烯	臭气浓度
厂界浓度限值 /mg·m^{-3}	1.0	0.05	0.03	0.004	0.03	0.03	2.0	3.0	10（无量纲）

表 5-3　《恶臭污染物排放标准》GB 14554 恶臭污染物排气筒排放标准值

控制项目	氨	三甲胺	硫化氢	甲硫醇	甲硫醚	二甲二硫醚	二硫化碳	苯乙烯	臭气浓度
排气筒高度/m	15	15	15	15	15	15	15	15	15
排放量/kg·h^{-1}	4.9	0.54	0.33	0.04	0.33	0.43	1.5	6.5	2000（无量纲）

表 5-4　恶臭（异味）污染排放控制限值 DB 31/1025—2016（无量纲）

控制项目	排气筒高度 H/m	工业企业	其他恶臭污染源
恶臭气体浓度	$H<15$	500	800
	$15 \leqslant H<30$	1000	1000
	$30 \leqslant H<50$	1500	1500
	$H \geqslant 50$	3000	3000
恶臭（异味）特征污染物	$H \geqslant 15$	表 5-2 所列恶臭（异味）特征污染物及排放限值	

表 5-5　恶臭（异味）特征污染物排放限值 DB 31/1025—2016

控制项目	最高允许排放浓度/mg·m^{-3}	最高允许排放速率[2]/kg·h^{-1}
氨	30	1
硫化氢	5	0.1
甲硫醇	0.5	0.01
甲硫醚	5	0.1
二甲二硫	5	0.26
二硫化碳	5	1
苯乙烯	15	1
乙苯	40	1.5
丙醛[1]	20	0.3
正丁醛[1]	20	0.2
正戊醛[1]	20	0.2
甲基乙基酮[1]	50	5
甲基异丁基酮[1]	80	3
丙烯酸[1]	20	0.5
丙烯酸甲酯[1]	20	1
丙烯酸乙酯[1]	20	1
甲基丙烯酸甲酯[1]	20	0.6
一甲胺[1]	5	0.11
二甲胺[1]	5	0.15
三甲胺	5	0.2
乙酸乙酯	50	1
乙酸丁酯	50	1

① 国家分析方法标准发布后执行；
② 当恶臭（异味）污染物控制设施去除效率≥95%时，等同于满足最高允许排放速率限值要求。

B 焚烧烟气排放标准

焚烧炉大气污染物排放参考执行《生活垃圾焚烧污染控制标准》（GB 18485—2014），有条件的参考欧盟 2010 年制定的《工业排放指令》（2010/75/EU），具体标准应根据项目环境影响评价要求执行，污染物应设置在线监测系统，信号上传环保部，并对公众予以公示接受监督。见表 5-6。

表 5-6 烟气排放指标

污染物名称	单位	国家标准 GB 18485—2014		欧盟 2010/75/EU
		1h 均值	24h 均值	日平均
颗粒物	mg/m³	30	20	10
氮氧化物（NO_x）	mg/m³	300	250	200
二氧化硫（SO_2）	mg/m³	100	80	50
氯化氢（HCl）	mg/m³	60	50	10
Hg 及其化合物（以 Hg 计）	mg/m³		0.05[2]	0.05
镉、铊及其化合物（以 Cd+Ti 计）	mg/m³	—	0.1[2]	0.05
锑、砷、铅、铬、钴、铜、锰、镍及其化合物（以 Sb+As+Pb+Cr+Co+Cu+Mn+Ni 计）	mg/m³（标态）		1.0[2]	0.5
二噁英类（TEQ）	ng/m³（标态）		0.1[2]	0.1
CO	mg/m³（标态）	100	80	50
HF	mg/m³（标态）	—		1
TOC		—		10
烟气黑度	林格曼级	—		1

注：1. 本表规定的各项标准值，均以标准状态下含 11%O_2 的干烟气的参数值换算；

2. 为该数值的测定均值。

5.3 废水处理与管理

5.3.1 废水常见来源和特点

水污染主要来自于两个方面：一是处理场所对动物尸体进行暂存、运输、切割等预处理过程中产生的废水。这部分废水包含动物体液、血液、油脂等物质，其 COD 浓度可达 7000~10000mg/L。且容易随场地冲洗水和雨水进入附近水源、土壤及雨水管道，造成水体污染；二是工艺产生的废水。如湿化工艺产生的含油废水。

湿法化采用高温高压蒸煮方式处理变质肉类及死病禽畜，确保将禽人畜共患病菌以及其他致病微生物彻底杀死，以达到动物尸骸无害化处理的目的。湿法化制过程中，疫病动物尸体被切成小块放入高压蒸煮罐中，并通过程序温控蒸煮技术在≥135℃、压力≥0.3MPa（绝对压力）条件下蒸煮30min以上。在高温高压的条件下，致病微生物全被杀死，而动物组织被分解为氨基酸、多肽类和脂肪。因此，湿法化制处理过程中会产生COD极高的动物废水，该废水对无害化处置车间及周边生态环境产生严重影响。这类特殊的高浓度有机废水，表观呈咖啡色浑浊液体并具有难闻臭味，具有以下特征：

（1）由于每天处理的疫病动物尸体的种类和数量不同，疫病动物废水的水质和水量变化较大。

（2）废水COD浓度高达70000~100000mg/L，蛋白质、油脂含量极高，导致废液黏度极大，极易黏附在设备、管道及盛装容中发生堵塞及腐败，产生恶臭，所以不能直接排放至城市污水管道，需要寻找有效的现场处置手段。

（3）由于废水本身即为动物组织细胞经高温蒸煮后的产物，废水富含蛋白质（氨基酸）、糖类、脂肪酸、矿物质等诸多营养元素，BOD_5/COD一般在0.60~0.80之间，氨氮浓度4500~9800mg/L，C/N在7.5~10.0之间，故理论上具有良好的可生化性。

5.3.2　废水的危害

未经处理或处理不当的疫病动物废水如果直接排放到环境中，将严重影响水体生态系统功能。首先，疫病动物废水中含有大量可生物降解有机物，会迅速消耗水体中的溶解氧，造成水体缺氧，影响水生动物的呼吸作用。而且废水呈咖啡色，会增加水体的对太阳光的吸收，抑制了水体中水生植物的光合作用。这不仅减弱了水体的产氧能力，而且抑制了水体生态系统中生产者的生长，影响了水体生态系统的物质来源，对水生动植物的生长具有负面作用；其次，疫病动物废水含有大量导致水体富营养化的氨氮和磷元素，将其排放至水体将导致赤潮和水华的发生。此外，疫病动物废水具有剧烈臭味，直接排放将严重影响水体附近的居住环境。疫病动物废水对土壤环境同样存在严重危害。根据待处理动物尸骸的情况，有时会在化制过程中投入大量的碱以促进生物组织的分解，因此而产生的疫病动物废水通常携带大量有碱性物质和有机物。这些物质会引起土壤pH值、溶解氧、有机物和无机物含量等理化性质发生改变，恶化土质。

5.3.3　废水的处理方法

5.3.3.1　预处理过程中产生的废水治理措施

（1）硬化处理预处理区域的地面，设置一定的集水坡度，并设置完善的排水系统，便于废水及冲洗水统一纳入排水系统，进入污水处理系统集中处理，避免该废水渗入土壤或进入雨水设施而造成水污染。

（2）鉴于该废水具有良好的可生化性，可将废水进行除渣除砂预处理后，采用生物法进行处理，处理达标后方能排放。

5.3.3.2　湿化工艺产生的废水治理措施

湿化法是另一应用的动物无害化处理方法，将病死动物尸体置于设备内，利用高温高压饱和蒸汽将病原体完全杀灭，处理后对其进行脱水和干燥，污水进入污水处理系统进行处理，干燥后的物料可作为有机肥料外运。

湿化法处理后的污水中含有大量的油脂和动物蛋白胶，其中含油量约占污水量的 30%，大部分以乳化的形式存在于水中，COD 值高达 160000mg/L。

针对该废水的特点，应先进行除渣和除泥，以去除废水中残留的大颗粒物料和肉泥。然后利用一定的生物、物理或化学方法，提取废水中的油脂。例如，采用恒温高速离心机提取包裹在污染物质上的动物油脂。油脂提取后方可进行污水处理。除油后废水 BOD/COD 值可达 0.5，具有良好的可生化性。因此，除油后废水可采用生物法进行处理。例如沼气污水处理，产生的沼气还可就地作为能源使用。

疫病动物废水成分复杂，有机污染物浓度高并且可生化性好，废水的处理对象主要为高浓度的有机物及氨氮。从成本和适用性的角度出发，生物技术是处理可生化性良好并且含有高浓度 COD 废水的合适选择。现有研究中，疫病动物废水的生物处理技术有厌氧生物技术及厌氧—好氧组合工艺。

A　厌氧生物技术

厌氧生物技术是指在无氧条件下，通过多种微生物的协同串联代谢作用，将复杂的溶解性或颗粒态的可生物降解有机物质（如碳水化合物、蛋白质、脂肪等），转化为 CH_4、CO_2 和少量的细胞物质的生物处理方法。目前主流的厌氧生物反应器有：升流式厌氧污泥床反应器（UASB）、厌氧折流板反应器（ABR）、内循环厌氧反应器（IC）、膨胀颗粒污泥床（EGSB）、复合式厌氧流化床反应器（UBF）和厌氧生物滤池（AF）等。厌氧生物技术为高浓度有机废水提供了一条高效能、低能耗的处理途径。

有研究表明，用 ABR 反应器处理疫病动物废水，当进水 COD 浓度为 8000mg/L，水力停留时间为 24h 时，COD 去除率可达 93% 以上，并且反应器可长期稳定运行。

厌氧生化法虽然具有有机负荷高、污泥产量小、产气可以回收利用、占地面积小和运行能耗低等优点，但是部分有机污染物在厌氧条件下难以被微生物所利用，所以厌氧技术并不能完全彻底地去除废水中的 BOD。另外，单一的厌氧技术也难以将疫病动物废水中的氨氮高效去除。因此，应用厌氧生物技术处理高蛋白质、高有机物类废水时，其必须与后续好氧生物技术结合，才能最大程度去除疫

病动物废水中的 *BOD* 和氨氮。

B 厌氧-好氧组合工艺

厌氧-好氧工艺可以利用厌氧工艺去除难降解的污染物和悬浮物,将大分子污染物降解为小分子,提高废水的可生化性,降低好氧工艺处理难度,提高其处理能力;后续的好氧工艺则能够降解厌氧工艺难以去除的有机物,降低废水中 *COD* 和 BOD 浓度,进一步提高废水水质,两者相辅相成。利用厌氧-好氧组合工艺可以高效去除疫病动物废水中的 *COD* 和氨氮。王书杰等人研究了 UASB-SBR 组合工艺对疫病动物废水的处理特性。研究结果表明,当回流比为 200%,进水 *COD* 浓度为 9000mg/L,组合工艺的有机负荷为 4.5g/(L·d),总氮负荷为 0.29g/(L·d) 时,组合工艺对疫病动物废水的 *COD* 和总氮的去除率分别为 98% 和 61%。通过组合厌氧反应器 UASB 和好氧反应器 SRB,疫病动物废水中的含有的氨氮和有机物质得到有效去除。

上海市动物无害化处理中心于 2011 年建设一条高温高压灭菌无害化处理流水线,采用恒温高速离心机将包裹在污染物质上的动物油脂提取后,排入好氧 +USAB 污水处理系统进行处理,日处理能力 20~25t。

浙江温岭市动物无害化处理废水,采用预处理+UASB 厌氧反应器+MBR 生化处理系统的处理工艺,经处理达到《污水综合排放标准》(GB 8978—1996) 三级排放标准后,通过市政污水管道排入温岭市东部新区北片污水处理厂处理达标后排放。

C 动物废水的管理

目前我国尚未颁布针对疫病动物废水的排放标准,当前疫病动物废水排放标准参考我国《污水综合排放标准》(GB 8978) 中其他排污单位的排放标准,其排放标准见表5-7。

表 5-7 污水综合排标准

指标	pH 值	色度 /mg·L^{-1}	BOD_5 /mg·L^{-1}	COD /mg·L^{-1}	动植物油 /mg·L^{-1}	氨氮 /mg·L^{-1}	2, 4-二硝基氯苯 /mg·L^{-1}
一级	6~9	≤50	≤20	≤100	≤10	≤15	≤0.5
二级	6~9	≤80	≤30	≤150	≤15	≤25	≤1.0
三级	6~9	—	≤300	≤500	≤100	—	≤5.0

5.3.4 其他工艺废水的污水问题

除了上述典型出现的待处理(焚烧或湿化)动物尸体腐化渗透液污水,湿化过程产生的污水,在焚烧过程中,由于净化处理过程中使用的洗涤液、中和液等,也会产生二次污染的工艺废水。对于工艺废水的处理,一方面可以通过改良工艺，例如，从容易造成污水的湿法脱硫改进为几乎不产生废水的干法或半干法脱硫技术，从源头降低废水产生；另一方面加强提升污水处理并考虑回用，从此努力零废水排放。脱硫废水加碱中和，并使废水中的大部分重金属形成沉淀物，加入絮凝剂使沉淀浓缩成为污泥被送至灰场处理，废水的 pH 值和悬浮物处理达标。湿冷系统排放污水还可采用反渗透处理技术，对不易回用的废水用蒸发结晶器进行处理，现有污水处理系统主要包括生产生活污水处理系统和渗滤液处理系统。生产生活污水处理系统负责收集和处理产生的化学水处理废水、冲洗废水、生活废水等，主要采用隔油、絮凝、沉淀等工艺处理。原垃圾渗滤液系统负责收集和处理生活垃圾产生的渗滤液、初期雨水、车间地面冲洗废水，采用工艺：预处理+UASB+MBR+纳滤，处理出水达到《污水综合排放标准》（GB 8978）三级标准和《污水排入城市下水道水质标准》（CJ 3082）标准。

此外，还可以进一步优化改进深度处理系统。可对渗滤液及生产生活污水混合污水混合后的水质进行检测分析处理，根据分析及调研结果，详细制定深度处理工艺；对色度、有机物、NH_3-N 等污染物治理措施进行重点研究；对污水电导率、重金属、TDS（溶解性总固体）等难处理污染物进行针对性研究，有必要进行 ICP（电感耦合等离子体发射光谱仪）及 GC（气相色谱法）成分分析，确认处理方法。掌握工艺反应 pH 值、温度、反应速度等最适反应条件，以达到技术和经济的平衡。

5.4 噪声污染防治措施

对噪声的治理措施可以分为以下三类：一是对噪声源采取消音、隔声、减振措施，如对水泵减振、对鼓风机采取消音等，可有效降低噪声源强；二是对噪声源所在房间采取隔声、吸声措施，如设隔声门窗，贴吸声材料等，可有效增大隔声量，降低室内混响，但采取吸声措施较为适合面积较小的房间，对面积较大的厂房经济性较低；三是阻挡传播途径，如设置声屏障，其中设置声屏障可有效降低噪声对外界的影响，但造价相对较高。

5.4.1 总体防噪设计

5.4.1.1 选址的防噪考虑

本项目的厂址选择在满足其他基本选址条件的基础上，应尽量考虑选择人口密度小、远离居民区，以降低噪声对周围环境的影响。

5.4.1.2 总平面防噪布置

在总平面布置中考虑防噪设计，合理规划处理厂厂区内外的运输路线，车辆进出的主干道尽量远离生产辅助建筑，避免交通噪声的影响。

水泵噪声主要是泵体和电机产生的以中频为主的机械和电磁噪声。噪声随水泵扬程和叶轮转速的增高而增高。主要控制措施是安装隔声罩,并在泵体与基础之间设置减振器。

5.4.2   噪声控制

项目厂界应满足《工业企业厂界环境噪声排放标准》(GB 12348—2008)要求。

5.4.2.1   水泵和风机噪声控制

水泵噪声主要是泵体和电机产生的以中频为主的机械和电磁噪声。噪声随水泵扬程和叶轮转速的增高而增高;风机噪声较大。主对上述噪声设备要控制措施是安装隔声罩,能放置于室内的尽量放置于室内,并在泵体与基础之间设置减振器。

5.4.2.2   其他次要噪声控制

污水处理设备等设备也能产生 80~90dB(A)的噪声。主要通过选用低噪声设备和房间的隔声和吸声措施降噪。

另外,针对运输车经过敏感点时容易产生的超标也应采取适当的控制措施。车辆噪声包括排气噪声、发动机噪声、轮胎噪声和喇叭噪声。音频以低、中频为主,所以为降低噪声,使噪声值达标,除合理安排运输车量运输时间和路线计划之外,还应采取以下措施降低主要噪声源强:选用低噪声的运输车辆;车辆应低速平稳行驶和少鸣喇叭等措施降噪。

5.5   施工期环境保护管理

5.5.1   施工期对周围环境的影响

施工期工程建设主要内容有:场地平整、三通一平工程、地基处理、处理场厂房建设、设备安装等;在施工期间各项施工活动对周围环境的影响主要有:机械噪声、弃土和扬尘、交通、土壤植被。

5.5.1.1   施工噪声对周围环境的影响

参考《建筑施工场界环境噪声排放标准》(GB 12523—2011),见表5-8。

表 5-8   建筑施工场界环境噪声排放标准

噪声限值/dB(A)	
昼间	夜间
70	55

施工中一般常使用的施工机械有挖掘机、推土机、压路机、自卸机、搅拌机、吊车等，各种机械运行中的噪声水平见表5-9。

表5-9　建筑施工过程主要施工机械噪声声压级表　　（dB（A））

机械名称	噪声级	机械名称	噪声级
推土机	78~96	挖土机	80~93
搅拌机	75~88	运土卡车	85~94
气锤、风钻	82~98	空压机	75~88
混凝土破碎机	85	钻机	87
卷扬机	75~88		

注：表中数据是距离噪声源15m处测得的数据。

参考同类施工机械噪声影响预测结论，昼间施工机械影响范围为80m，夜间影响范围约为250m，各种运输车辆影响范围预测见表5-10。

表5-10　运输车辆影响范围预测表　　（dB（A））

运输机械	噪声源强	声源距离						
		20m	60m	100m	150m	200m	250m	300m
收运车	92	66.0	56.4	52.0	48.5	46.0	44.1	42.5
装载机	93	67.0	57.4	53.0	49.5	47.0	45.0	43.5
洒水车	92	66.0	56.4	52.0	48.5	46.0	44.1	42.5
喷药车	90	64.0	54.4	50.0	46.5	44.0	42.1	40.5
自卸汽车	92	66.0	56.4	52.0	48.5	46.0	44.1	42.5
挖掘机	88	62.0	52.4	48.0	44.5	42.0	40.1	40.5
压实机	93	67.0	57.4	53.0	49.5	47.0	45.0	43.5
推土机	96	70.0	60.4	56.0	52.5	50.0	48.1	46.5

5.5.1.2　施工对周围大气环境的影响

施工期间将产生许多扬尘，如车辆装载过多运输时散落的泥土、车轮黏满泥土导致运输公路路面的污染。另外，工程施工中土方处置不当、乱丢乱放也将产生大量固体垃圾。这些废物会造成晴天尘土飞扬、雨天则满地泥泞，严重影响土地利用和交通运输，因此施工中必须注意施工道路散落物的处置。其直接影响是产生扬尘，施工中运输量增加也会增加沿路的扬尘量。另外，露天堆放的土方也产生扬尘。扬尘使大气中悬浮微粒含量骤增，并随风迁移到其他地方，严重影响附近居民和过往行人的呼吸健康，也影响市容和景观。运输扬尘一般在尘源道路两侧 30m 的范围，扬尘因路而异，土路比水泥路 TSP 高 2~3 倍。

各类施工机械运行中排放尾气，主要污染物为 CO、NO$_x$、HC，由于污染源较分散，且每天排放的量相对较少，因此，对区域大气环境影响较小。

5.5.1.3　对土壤和植被的影响

项目在建设过程中，需要开挖土石方，同时存在着建材的堆放、排水管道的敷设，场地的开挖和泥土的清运等因素，将会破坏现有道路和周围的植被，施工场地平整过程、弃土的不合理堆放，经雨水冲刷，均会产生水土流失，造成水体含沙量增加，影响雨水汇入沟渠的畅通，破坏当地自然生态。对此，需采取有效措施在施工中保护土地表层土，在施工和填埋后，用原土和好土覆盖、并种植花、草，植树绿化，恢复和保护该区的土壤、植被环境。

建设项目的建设将导致小区域范围内植被和生物量的减少，加之建筑物的建设，区域内土地利用状况发生较大变化。通过施工结束后的绿化，在一定时期内基本可以恢复原有生态功能。

5.5.1.4　地表水环境影响分析

施工期废水主要是施工现场工人生活区排放的生活污水，施工活动中排放的各类生产废水等等。生活污水主要污染物是悬浮物、BOD5 等；生产废水包括清洗车辆、机械设备等废水，主要污染物是悬浮物、石油类等。少量的生活废水应经化粪池处理后，定期由周围村庄农灌车拉走农灌，生产废水采用沉淀池收集后回用于场地增湿喷洒不外排。上述废水产生量较小，且以自然蒸发为主，从而不会产生地表径流，不会对周围地表水环境产生不利影响。

5.5.1.5　固体废物环境影响分析

施工期间产生的固体废弃物主要为废弃的碎砖、石、冲洗残渣、各类建材的包装箱、袋和生活垃圾等，以及施工场地拆迁和装修产生的建筑垃圾。施工期间对废弃的碎砖石、残渣、建筑垃圾等基本就地处置，作填筑地基用；包装物也基本上回收利用或销售给废品收购站。

综上分析，由于本项目施工期较短，各类污染物的产生量较小，在采取相应的防治措施后，对周围环境的影响很小，并会随施工期的结束而消失。

5.5.1.6　对周边造成的安全问题和不便

A　施工期对交通安全的影响

项目在施工期对交通安全的影响主要表现在：工程施工对交通的影响主要表现在对公路交通的影响上，本工程运输路线为临港经济开发区道路。因此，进入项目区域来往车辆增加造成临港经济开发区道路交通流量增大，原材料（砂石、水泥等）集中运输且可以在夜间运输，且距周围的村庄较远，其本身的车流量不大，因此对城市交通影响不大。

B 场外施工公众安全

施工期间，承包施工方应避开上下班、雨天运输物料，防止发生交通拥挤或事故；进场道路施工要设置好隔离与防护设施，危险地段应设置警示装置，由专人看管，避免发生公众伤亡事故。

C 公共设施的保护

项目施工前，要征求当地规划、电力、自来水公司、供热公司等部门的意见，防止施工期间挖断电缆、自来水管、供热管道等公共设施，给周围居民生活、工作带来不便。

5.5.2 施工影响控制措施

在工程建设施工阶段，会产生相应的大气污染、噪声污染、水污染、固废污染等。针对施工中的各类污染问题，可以采取如下技术措施：

（1）大气污染。在施工过程中，应当对运输道路或裸露地表等施工场地进行洒水养护，可有效减少扬尘产生；运输土方、水泥等粉质物体时，可在车辆上加盖篷布，减少粉尘的扩散；针对施工中产生的大量土方，应合理设置取土场恶化弃土堆，严禁乱堆乱放，由此可以降低粉尘对周边环境的污染；尽可能采用环保型涂料，减少有毒有害气体的排放。

（2）噪声污染。合理安排好作业时间，尽量避免夜间施工。避免在同一时间集中使用大量的动力机械设备，还应采用消声、隔声、吸声等降噪措施，将噪声控制在允许范围之内。

（3）水污染。施工中产生的废水进行妥善处理，未经处理的废水不得排入污水管网或河流；生活污水应集中处理；因地制宜考虑隔离措施；泥浆废水应当经过沉淀后排放到指定区域；针对 pH 值 5～13 的污水，可采取净化处理技术，加入凝聚剂净化。利用固液分离沉降装置将杂质与水分离，并提纯出净化水，既可以达到废水排放标准，又能够保证 80%～90% 的水得以循环使用。

（4）固废污染。分类处理施工中产生的固体废弃物，并对其中具有利用价值的物质进行回收，如砂、石等可用于拌制混凝土；无再利用价值的固废不得随意丢弃，应当集中堆放到指定地点，并及时清运；对于施工中产生的垃圾，还可利用筛分和磁选等方法，将其中的有机物直接制作成普通肥料，固体无机物则可在粉碎后制作成块砖，白色垃圾经过加热灭菌处理后可制成环保型板材，经济环保再利用。

（5）选用环保型施工机械。降低机械设备施工中对环境造成的各种负面影响，如选用低排放、低油耗、低噪声、运行高效的环保型水冷增压柴油发动机。

5.5.3 环保管理措施

5.5.3.1 准备阶段的环保管理

制定切实可行的环境保护措施，建立完善的环境保护管理机制，深入现场调查评估影响环境的因素，并对这些因素采取相应的应对措施。将环境保护管理工作细化分工到施工作业组织中，明确相关环境保护责任，健全环境保护规章制度。在施工前期，要了解施工中环境保护工作最薄弱的环节，并对施工人员进行岗前培训，提高施工人员环保意识，使施工人员了解与环境保护有关的规章制度，增强施工人员参与环境保护的自觉性。

5.5.3.2 施工阶段的环保管理

加强施工阶段的环境保护工作，根据不同时期的施工工序特点，不断完善环境保护管理制度和措施。项目部门还要制定环境污染应急预案，在提高施工管理水平的过程中也相应地提高环境保护管理水平。为了使施工阶段对环境造成的影响最小化，必须配备专人及时评估施工中可能造成的污染状况，就施工对周边环境带来的影响进行调查，根据调查评估结果制定针对性的环境保护和治理措施，使施工阶段的环保管理工作步入科学化、常态化、制度化的轨道。

5.5.3.3 完工阶段的环保管理

施工单位要建立环境污染处理机制，完善污染应对预案，针对施工过程中产生的多种环境污染问题，及时采取行之有效的处理措施。施工单位要一边向上级主管部门汇报污染事故的状况、发展趋势以及对环境造成的影响，一边要采取有效措施控制污染危害扩大化。针对污染事故要落实责任追究制度，在分析污染事故原因的基础上，找出造成该事故的相关责任人，并追究其责任，加大作业的整改力度，提高环境保护管理水平。

安全卫生及运行管理

6.1 安全设施

安全设施是指企业（单位）在生产经营活动中，将危险、有害因素控制在安全范围内，以及减小、预防和消除危害所配备的装置（设备）和采取的措施。畜禽尸体无害化处理设施应符合《生产过程安全卫生要求总则》（GB 12801）和《关于生产性建设项目职业安全监察的暂行规定》等有关规定。场区内应设立醒目的标牌、标志、标识或标记，采取有效措施，保障劳动安全。

安全设施分为预防事故设施、控制事故设施、减少与消除事故影响设施 3 类。企业应确保建设项目安全设施与建设项目的主体工程同时设计、同时施工、同时投入生产和使用。

6.1.1 预防事故设施

6.1.1.1 检测、报警设施

（1）压力、温度、液位、流量、组分等报警设施。用于生产工艺过程中各装置异常状态监控，工艺操作规程执行情况，是保证无害化处理生产工艺安全运行的有效措施。

（2）可燃气体、有毒有害气体等检测和报警设施。应用自动报警器监视生产装置、存储区等可燃气体和有毒气体泄露和积聚状况，是预防爆炸和中毒事故的重要手段。

（3）用于安全检查和安全数据分析等检验、检测和报警设施。

6.1.1.2 设备安全防护设施

（1）防护罩、防护屏、负荷限制器、行程限制器、制动、限速、防雷、防潮、防晒、防冻、防腐、防渗漏等设施。

（2）传动设备安全闭锁设施。

（3）电气过载保护设施。电流出现异常时，为了避免电气设备受到损害而采用的一种避害方式，目前一般是使用自动开关来完成。

（4）静电接地设施。接地的作用主要是防止人身受到电击、保证电力系统的正常运行、保护线路和设备免遭损坏、预防电气火灾、防止雷击和防止静电损

害。人工接地极宜采用水平敷设的圆钢、扁钢、金属接地板，垂直敷设的角钢、钢管、圆钢等。

6.1.1.3 防爆设施

（1）各种电气、仪表的防爆设施。
（2）阻隔防爆器材、防爆工器具。

6.1.1.4 作业场所防护设施

作业场所的防辐射、防触电、防静电、防噪音、通风（除尘、排毒）、防护栏（网）、防滑、防灼烫等设施。

6.1.1.5 安全警示标志

（1）包括各种指示、警示作业安全和逃生避难及风向等警示标志、警示牌、警示说明。
（2）厂内道路交通标志。

道路交通标志是用文字和图形符号对车辆、行人传递指示、指路、警告、禁令等信号的标志。

6.1.2 控制事故设施

6.1.2.1 泄压和止逆设施

（1）用于泄压的阀门、爆破片、放空管等设施。
（2）用于止逆的阀门等设施。

6.1.2.2 紧急处理设施

（1）紧急备用电源、紧急切断等设施。
（2）紧急停车、仪表连锁等设施。

6.1.2.3 减少与消除事故影响设施

防止火灾蔓延设施：
（1）阻火器、防火梯、防爆墙、防爆门等隔爆设施。
（2）防火墙、防火门等设施。
（3）防火材料涂层。
灭火设施
灭火器、消火栓、高压水枪、消防车、消防管网、消防站等。
紧急个体处置设施

洗眼器、喷淋器、应急照明等设施。

洗眼器、喷淋器：当发生有毒有害物质（如化学液体等）喷溅到工作人员身体、脸、眼或发生火灾引起工作人员衣物着火时，采用的一种迅速将危害降到最低的有效的安全防护用品。

逃生设施

逃生安全通道（梯）。建（构）筑物等需严格按《建筑设计防火规范》（GB50016）设置救援窗、逃生通道等应急疏散设施。

应急救援设施

堵漏、工程抢险装备和现场受伤人员医疗抢救装备。

劳动防护用品的装备：包括头部、面部、视觉、呼吸、听觉器官、四肢、身躯防火、防毒、防烫伤、防腐蚀、防噪声、防光射、防高处坠落、防砸击、防刺伤等免受作业场所物理、化学因素伤害的劳动防护用品和装备。

6.1.3 安全设施管理

（1）企业的各种安全设施应有专人负责管理，定期检查和维护保养。

（2）企业的各种安全设施应编入设备检维修计划，定期检维修。

（3）安全设施不得随意拆除、挪用或弃置不用，因检维修拆除的，检维修完毕后应立即复原。

（4）建立安全设施台账管理制度并设专人管理，确保定期检查（每月不少于1次）、维护保养。并将安全设施编入设备检维计划，定期维修。

6.2 卫生防疫管理

6.2.1 防疫制度

（1）畜禽尸体无害化处理设施应符合防疫卫生有关要求，应符合国家标准《工业企业设计卫生标准》(TJ36) 有关规定，坚持"预防为主"原则。

（2）企业法人代表为防疫工作主要责任人，负责组织落实动物防疫各项制度，定期做好环境清洁、消毒、灭鼠、灭蝇等工作。

（3）企业实行封闭性管理，生产区远离管理区。定期对生产区域、生产设施等进行严格消毒。禁止无关人员、动物、车辆随意进出，对进出人员、车辆要严格消毒。

（4）认真贯彻落实安全生产法、国家安监总局关于《劳动防护用品监督管理规定》等有关劳动防护用品管理的法律、法规，加强劳动防护用品管理，强化员工劳动防护，保障员工生命健康安全。

（5）严格按规定建立和规范填写防疫档案，加施免疫标识。各类档案记录应真实、完整、整洁并有相关人员签名。

（6）接受卫生部门的依法监管和抽样监测。

6.2.2　消毒制度

（1）合理选择消毒方法、消毒剂，科学制定消毒计划和程序，严格按照消毒规程实施消毒，并做好人员防护。

（2）在车辆入口增加消毒池及消毒喷雾通道。车辆消毒液采用2000Qmg/L有效氯的消毒剂（20%的漂白粉）。特别注意日晒和工作一段时间后消毒液的有效性和消毒液量，保证对车辆轮胎的消毒。运输车辆的内、外表面应每次喷雾、喷淋消毒。可用2000Qmg/L有效氯的消毒剂进行喷雾，消毒后1h内不能进行清水冲洗。喷雾要求被消毒表面均匀湿透，喷雾器应选择雾滴直径≤5μm。运输车辆外表面经加氯喷雾消毒即可排放。排放水应加氯消毒，方法：1000mL污水加漂白粉4g（有效氯含量为100mg/L）消毒1.5h。

（3）生产区入口处设置更衣消毒室。所有人员必须经更衣、对手消毒，经过消毒池和消毒室后才能进入生产区。工作服、胶鞋等要专人使用并定期清洗消毒，不得带出。

（4）定期或适时对生产区域进行清扫、冲洗和消毒，保持清洁卫生。同时要做好处置设施等的消毒工作。

（5）暂存库分区域储存并制定消毒计划，一批次处置完成需进行区域消毒。

（6）按规定做好消毒记录。

6.2.3　运行过程的卫生措施

6.2.3.1　运输途中的卫生措施

车辆在装载后要封闭上锁，路径选择应避免人口密集区。装载物若在途中发生泄露，应立即停止运输并在车辆后方设置危险标志，待重新包装、装载、消毒后运输。车辆到达无害化处理场所，要缓慢经过场所门口的消毒池进行车轮消毒，避免运输车辆所携带的致病微生物在收集点、无害化处理场所之间流转。车辆驶离无害化处理场所前应进行车体消毒。

6.2.3.2　接收环节的卫生措施

接收人员要接受卫生防疫知识的专门培训，在接收过程中，工作人员要做好自身防护，同时避免病原微生物扩散。接收人员在收取动物尸体时应在动物卫生监督机构的监督下完成，杜绝在接收过程中发生动物流失、转卖等违法行为发生。

运输车辆到达无害化处理场所进行卸货时，要注意合理分类，有序堆放。依据动物的种类、大小、是否经过冷冻，选择合适的无害化处理措施。收取的动物尸体尽量在48h内完成无害化处理，如果来不及处理要进行冷藏和冷冻，防止尸体腐败。

6.2.3.3　存放环节的卫生措施

A　临时存放点的卫生措施

由于养殖单位规模大小不同、地理位置分散，病死动物很难保证在第一时间内送至无害化处理中心。因此大型养殖场可自建停尸房，临时存放病死动物；小型养殖场（户）因位置分散、养殖量少，可设立村级、镇级无害化处理收集点，等达到一定数量再统一收集送至动物无害化处理场所。

不论是自建停尸房还是收集点临时存放，都必须符合以下要求：

（1）临时存放点应建有冷库，根据需要进行冷藏或冷冻，防止动物尸体腐败。

（2）临时存放点要进行封闭。

（3）存放点能防水、防渗、防鼠，地面材料耐酸、耐碱，便于冲洗和消毒。

（4）使用3%~5%溶液熏蒸、0.05%~0.2%二氯异氰尿酸钠溶液喷雾等定期对存放点进行清洗消毒。

B　存放时的卫生措施

对于送至无害化处理场所的动物尸体，如果能在当天进行无害化处理，可在卸货区暂时存放。卸货区房顶应设喷淋消毒装置，便于定期对卸货区的地表、墙壁进行消毒。喷淋消毒时，应从离门远处开始，按照先顶棚、墙壁再地面的顺序进行。存放动物尸体的容器用后要及时用0.05%~0.2%二氯异氰尿酸钠溶液或2%~3%氢氧化钠溶液等进行消毒。对于当天无法进行处理的，应选择在冷库存放。

6.2.3.4　处置环节的卫生措施

焚烧和化制处置车间应定期用酚类、卤素类和季铵盐类等消毒剂进行喷雾消毒和地表消毒。用掩埋法无害化处理的，掩埋后应立即用漂白粉、生石灰等消毒药对掩埋场所进行彻底消毒。此后还须定期对掩埋点进行巡查，发现因尸体腐败分解造成的塌陷要及时加盖覆土并进行消毒。此外，一次性使用的包装物应连同动物尸体一起进行无害化处理。

6.2.3.5　其他卫生措施

A　人员

作业人员进入作业场所应更换专用工作服和胶靴，佩戴口罩和手套；工作中必须做好自身防护，不得随意脱掉口罩、手套、胶靴和工作服，严禁裸露皮肤或徒手作业，防护用具用后及时消毒；工作结束后，应对一次性防护用品作销毁处理，对循环使用的防护用品消毒处理。经更衣室门口前的消毒池进行脚踏消毒，在淋浴室内淋浴、消毒、更衣；工作人员穿戴的工作服、鞋等需在固定处摆放，每周消毒两次，发现污染应立即消毒、洗涤、晾晒或更换。如不参加作业进入作业区，应着防护服、鞋套、口罩，离开时换下防护服，洗手消毒，脚踏消毒池进行消毒。

B　环境

无害化处理场所内环境的卫生措施主要包括：

（1）更衣间、场所休息室内定期进行紫外线消毒。

（2）车辆经过的路面每天清扫、消毒，特别是路面上的血水应消毒清洗干净。

（3）根据季节和实际需要做好除"三害"（鼠、蚊、蝇）工作。

6.2.3.6　台账和记录

收集暂存环节：

（1）接收台账和记录应包括病死动物及相关动物产品来源场（户）、种类、数量、动物标识号、死亡原因、消毒方法、收集时间、经手人员等。

（2）运出台账和记录应包括运输人员、联系方式、运输时间、车牌号、病死动物及产品种类、数量、动物标识号、消毒方法、运输目的地以及经手人员等。

处理环节：

（1）接收台账和记录应包括病死动物及相关动物产品来源、种类、数量、动物标识号、运输人员、联系方式、车牌号、接收时间及经手人员等。

（2）处理台账和记录应包括处理时间、处理方式、处理数量及操作人员等。

（3）涉及病死动物无害化处理的台账和记录至少要保存两年。

6.3　运行管理

运营管理指对运营过程的计划、组织、实施和控制，是与产品生产和服务创造密切相关的各项管理工作的总称。

6.3.1　运行管理内容

6.3.1.1　安全生产

（1）畜禽尸体无害化处理设施场区四周应设置围墙、护栏，高度不宜低于2.5m，禁止人员随意进出；生产区与管理区、服务区应相对分离，并应设置必要的隔离设施，防止人员违规穿行。

（2）生产过程安全卫生管理应符合《生产过程安全卫生要求总则》（GB12801）的规定，坚持预防为主，确保运行安全，避免发生工伤、火灾、爆炸等安全生产事故。

（3）应具有完备的运行安全管理规章制度和运行安全操作规程，严格实施，建立操作规程培训与考核制度。

（4）应在关键区域设置监控探头，定期对全厂进行安全检查，并能提供上级主管部门或安全专业监察部门的安全检查记录。

（5）运行人员进入密闭空间作业前，应进行有毒有害气体检测。该区域作业时，应采取必要的安全防护措施，并应佩戴防护用具。

（6）处置场主管必须是安全生产责任人，要全面履行安全生产责任。

（7）建立突发事件应急制度，及时修订应急预案，定期组织应急预案演练，应有实施记录。

6.3.1.2　对公众开放

（1）在大门或人员出入口附近设立电子显示屏，公示生产运行和环境监测相关数据信息。

（2）运行管理单位网站内设置专栏，定期公开相关运行和环境数据，加强与社会各界的沟通。

（3）外来人员参观应有专业人员陪同，并接受安全教育，配备必要的安全防护用品后，方可进入生产作业区。

（4）应接受并配合监督工作，并为监督工作提供便利条件。

6.3.1.3　环境保护

（1）厂区（含厂前道路）环境应整洁，无污水积存，无垃圾遗撒和明显扬尘，定期冲洗，应采取有效的灭蝇除臭措施。

（2）厂内建构筑物等基础设施应及时维护，地面硬化无破损，绿化区域无裸露。

（3）厂界噪声标准应符合《工业企业厂界环境噪声排放标准》（GB12348）的规定。

（4）厂界臭气浓度应符合《恶臭污染物排放标准》（GB14554）的规定，厂区（含厂前道路）及厂外500m内无明显特征臭味。

（5）处置场所环境污染物排放有特殊要求的还应符合建设项目环境影响评价批复意见。

6.3.1.4 节能减排

应建立节能减排制度，制定年度节能减排计划，符合国家现行节能减排规定。

6.3.2 收集运输管理

各地应逐步建立从前端到末端的收集-处理的一体化整体管理体系。

6.3.2.1 包装

包装材料应符合密闭、防水、防渗、防破损、耐腐蚀等要求。包装材料的容积、尺寸和数量应与需处理动物尸体及相关动物产品的体积、数量相匹配。包装后应进行密封。使用后，一次性包装材料应作销毁处理，可循环使用的包装材料应进行清洗消毒。消毒需使用 2%~3%氢氧化钠溶液、0.05%~0.2%二氯异氰尿酸钠溶液或 0.3%~0.5%过氧乙酸溶液等对包装物进行清洗消毒。

6.3.2.2 暂存

采用冷冻或冷藏方式进行暂存，防止无害化处理前动物尸体腐败。暂存场所应能防水、防渗、防鼠、防盗，易于清洗和消毒。暂存场所应设置明显警示标识。应定期对暂存场所及周边环境进行清洗消毒。

6.3.2.3 运输

选择专用的运输车辆或封闭厢式运载工具，车厢四壁及底部应使用耐腐蚀材料，并采取防渗措施。能够达到密闭、防渗、不散发异味的要求，避免血水渗漏造成环境污染和疫病传播。车辆驶离暂存、养殖等场所前，应对车轮及车厢外部进行消毒。运载车辆应尽量避免进入人口密集区。若运输途中发生渗漏，应重新包装、消毒后运输。卸载后，应对运输车辆及相关工具等进行彻底清洗、消毒。

6.3.3 事故应急预案

6.3.3.1 事故等级

依据中华人民共和国国务院 493 号令《生产安全事故报告和调查处理条例》中的规定，按照生产安全事故造成的人员伤亡或者直接经济损失，事故一般分为以下等级：

（1）特别重大事故。是指造成 30 人以上死亡，或者 100 人以上重伤（包括急性工业中毒，下同），或者 1 亿元以上直接经济损失的事故。

（2）重大事故。是指造成 10 人以上 30 人以下死亡，或者 50 人以上 100 人以下重伤，或者 5000 万元以上 1 亿元以下直接经济损失的事故。

（3）较大事故。是指造成 3 人以上 10 人以下死亡，或者 10 人以上 50 人以下重伤，或者 1000 万元以上 5000 万元以下直接经济损失的事故。

（4）一般事故。是指造成 3 人以下死亡，或者 10 人以下重伤，或者 1000 万元以下直接经济损失的事故。

6.3.3.2　事故报告

事故报告是事故应急响应的第一步，其及时、准确与否直接关系到应急响应行动的成效。如果报告及时、准确，就能为应急响应人员赢得宝贵的时间，使事故及时得到控制，避免事态扩大。任何迟报、瞒报或误报都可能对事故的控制造成负面影响，甚至引发环境灾难。

国务院 493 号令《生产安全事故报告和调查处理条例》对现场事故处理作了如下规定：

（1）事故发生后，现场有关人员应当立即向本单位负责人报告；单位负责人接到报告后，应当于 1 小时内向事故发生地县级以上人民政府安全生产监督管理部门和负有安全生产监督管理职责的有关部门报告。

情况紧急时，事故现场有关人员可以直接向事故发生地县级以上人民政府安全生产监督管理部门和负有安全生产监督管理职责的有关部门报告。

（2）安全生产监督管理部门和负有安全生产监督管理职责的有关部门接到事故报告后，应当依照下列规定上报事故情况，并通知公安机关、劳动保障行政部门、工会和人民检察院。

1）特别重大事故、重大事故逐级上报至国务院安全生产监督管理部门和负有安全生产监督管理职责的有关部门。

2）较大事故逐级上报至省、自治区、直辖市人民政府安全生产监督管理部门和负有安全生产监督管理职责的有关部门。

3）一般事故上报至设区的市级人民政府安全生产监督管理部门和负有安全生产监督管理职责的有关部门。

（3）安全生产监督管理部门和负有安全生产监督管理职责的有关部门逐级上报事故情况，每级上报的时间不得超过 2 小时。

（4）报告事故应当包括下列内容：

1）事故发生单位概况。

2）事故发生的时间、地点以及事故现场情况。

3）事故的简要经过。

4）事故已经造成或者可能造成的伤亡人数（包括下落不明的人数）和初步估计的直接经济损失。

5）已经采取的措施及其他应当报告的情况。

（5）事故报告后出现新情况的，应当及时补报。

（6）事故发生单位负责人接到事故报告后，应当立即启动事故相应应急预案，或者采取有效措施，组织抢救，防止事故扩大，减少人员伤亡和财产损失。

（7）事故发生地有关地方人民政府、安全生产监督管理部门和负有安全生产监督管理职责的有关部门接到事故报告后，其负责人应当立即赶赴事故现场，组织事故救援。

（8）事故发生后，有关单位和人员应当妥善保护事故现场以及相关证据，任何单位和个人不得破坏事故现场、毁灭相关证据。

因抢救人员、防止事故扩大以及疏通交通等原因，需要移动事故现场物件的，应当做出标志，绘制现场简图并做出书面记录，妥善保存现场重要痕迹、物证。

6.3.3.3 事故的救援

A 应急响应

（1）发现或发生紧急情况，必须先尽最大努力妥善处理，同时向有关方面报告，必要时，先处理后报告。工艺及机电设备发生异常情况，应迅速采取措施，并通知有关岗位协调处理，必要时，按步骤紧急停车；发生停电、停水、停气（汽）时，必须采取措施，防止系统超温、超压、跑料及机电设备的损坏；发生爆炸、着火、大量泄漏等事故时，应首先切断气（物料）源，同时尽快通知相关岗位并向上级报告。

（2）单位负责人接到事故报告后，根据应急救援预案和事故的具体情况迅速采取有效措施，组织抢救；千方百计防止事故扩大，减少人员伤亡和财产损失；严格执行有关救护规程和规定，严禁救护过程中出现违章指挥和冒险作业，避免救护中的伤亡和财产损失；同时注意保护现场，不得破坏事故现场，损坏有关证据。

（3）发生重大安全事故时，事故单位主要负责人应当立即组织抢救。有关地方政府负责人接到重大安全事故报告后，要立即赶到现场组织抢救。负有安全生产监督管理职责的部门负责人接到重大生产安全事故报告后，也必须赶到现场抢救。重大生产安全事故的抢救应当成立抢救指挥部，由指挥部统一指挥。

B 事故救援的基本程序

事故救援要本着"先控制后处置、救人第一"的指导思想，在指挥部的统一领导下周密计划，科学实施。处置中要加强个人防护，灵活运用各种有效的技术手段和进退得当的战术措施，把握全局，争取主动。

（1）部署救援任务。接到报警后，应立即依据事故情况调集救援力量，携带专业器材，分配救援任务，下达救援指令，迅速赶赴事故现场。这里应掌握的事故情况包括：事故发生的时间、地点，危险品种类、数量，事故性质，危害范围等。

（2）控制危险区域。对危险区实施控制主要是防止无关人员、车辆等误入而引起的伤害。实施要点包括：

1）实施警戒：在事故现场划分警戒区、轻危区和重危区，设置警戒线。

2）清除火源：迅速熄灭警戒区内的所有明火，关闭电气设备，包括手机、电话等通信设备；车辆熄火，以便高温物体降温，并注意摩擦、静电等潜在火源。

3）维护秩序：切实对危险区加以控制管理，控制人员、车辆的进出，保证抢险通道畅通，同时还应通过广播、网络等形式将事故的有关情况向群众通报，稳定群众情绪，严防各种谣言引起社会混乱。

（3）侦检事故现场。事故发生后，应由侦检作业组对事故现场及周围环境尽快侦察，对环境物质及时采样检测，迅速了解事故性质、现场地形，掌握危险类型、浓度、危害程度、危害人数，从而为救人方法和进攻路线的确定、防毒防爆扩散的选取以及有效开展其他救援工作提供科学依据。

（4）救援灾区人员。抢救危险区内的人员由救人疏散组负责，这是救援中最重要、最紧迫的任务，主要包括人员的疏散和伤亡人员的抢救。实施要点如下：

1）组织人员撤离。及时组织危险区内的人员疏散到安全地带，在污染严重、闲情复杂或被困人员多时，应有其他组配合。

撤离前应指导被困人员做好个人防护，缺乏器材时，可就地取材，采用简易防护保护自己。撤离危险区时，应选择合理的撤离路线，避免横穿危险区；对黏有有毒害性物品的人员要在警戒区口实施洗消，进入安全区后再做进一步检查，造成伤害的要尽快进行救护。

2）抢救伤亡人员。救援中应根据灾前人员的分布和已撤出人员提供的信息，有针对的进行查找和施救，然后对整个危险区全部搜寻，确保所有人员转至安全地带。

现场急救包括：

清除口鼻内异物，让受害者呼吸新鲜空气，若呼吸困难或无法呼吸，应立即提供氧或人工呼吸等急救措施。若吸入有毒有害化学品，则不能直接采取口对口人工呼吸，应先清除毒害物，然后在专业人员的指导下施救。

及时脱去污染衣物，对接触有毒害品的受害者，应对脸部、眼睛和手脚等暴露部位用大量水冲洗 15~20min，冲洗时应先冲眼睛，并将眼皮掰开。

对受害人员损伤程度或中毒等症状，采取相应的措施进行紧急抢救和治疗。

对一些现场难以急救的伤员，救护组要一边采取应急救护措施，一边组织转送到医院。

（5）控制事故源头。控制或切断造成事故的危险源头，在事故单位的协助下，严格按照有关专家指定的方法进行，实施要点如下：

1）灭火。根据燃烧物的具体性质，选用合适的灭火剂扑救火灾。灭火过程中要注意安全，若出现容器颤抖、火焰变量的耀眼亮光等危险征兆时，指挥员应立即下达撤退命令，现场人员看到必须迅速撤至安全区域。

2）堵漏。根据现场的实际情况，利用相应的器材和堵漏工具，灵活运用不同的堵漏方法对容器、管道实施堵漏。对发生在生产过程的堵漏，应积极配合事故单位切断事故物料输送，关闭电源、水源、气源。

3）稀释。采用喷水或其他相应的惰性介质，使危险物的浓度迅速降低，从而达到排险的目的。

4）输转。对聚集在事故现场的化学危险品，应及时的转移到安全地带，避免燃烧、爆炸等事故的再次发生。

在控制事故源头的过程中，救援人员进入现场前必须视情况佩戴空气呼吸器、穿着避火服和防化服、扎紧裤口等。

（6）洗消污染区域。为避免有害物持续造成危害，应对事故现场的人员和物资进行及时的洗消。

6.3.3.4　应急终止

当现场符合以下条件时，即可由授权人宣布终止应急行动：

（1）事故得到控制，没有污染物继续排放。

（2）监测数据表明，现场环境污染物浓度已降至事发前的水平。

（3）事故所造成的危害已消除，无续发可能。

（4）事故现场各种专业应急装置行动已无继续的必要。

（5）已采取必要的防护措施保护公众免受再次危害，事故可能引起的中长期环境影响趋于合理且尽量低的水平。

应急状态结束后，环境监测部门应根据实际情况，继续进行环境监测和评价工作，直至无需继续进行为止。

动物无害化工程实例

7.1 上海某动物无害化处理工程

7.1.1 项目建设背景

2009年，上海市农委拟新建一个动物无害化处理工程，工艺最初拟采用气化熔融炉及相关设备。

2010年11月，经可行性研究报告的进一步评估，认为无试验样机、无国内其他单位作为生产性运行、无系统参数，选择气化熔融炉及相关设备用于项目建设存在一定的技术风险，建议进一步对焚烧设备进行方案比选。根据评估意见，上海市农委组织专家赴法国、波兰等国进行实地考察。经过对设备工艺的广泛考察和比选后，初步选定带有切割装置的回转窑炉设备拟作为本项目的主要工艺处理设备。该设备工艺经咨询会专家论证，一致认为：采用回转窑炉的方式来处理含水含脂肪量较高的动物尸体和动物产品是可行的，处理工艺流程是比较合理的，按照欧洲的环境排放标准来要求也是适应最先进环保的需要。

2013年，市农委重新组织围绕回转窑炉设备工艺方案展开新的可行性研究报告编制工作。之后根据新的畜禽保有量指标分析，对原建设规模进行调整，最终确定为年焚烧处理病害畜禽能力为6000t，日处理能力为正常5吨，最大达到20吨。

经过多年的前期准备，2015年9月，该动物无害化处理站项目破土动工。

7.1.2 工程概况

7.1.2.1 工程建设规模

本工程常规处理规模为5t/d，每天8h运行，即处理能力为625kg/h；突发疫情情况下，每日24h运行，最大小时处理能力为833kg/h，日处理量可达20t/d。工程主要处理对象为服务范围内各类病害动物及动物产品。

7.1.2.2 进场物料特性

根据地区畜禽养殖分布情况，病死生猪占处理对象的80%以上，其他物料基本以很小的比例掺烧为主。为了解处理对象的物料特性，建设单位委托上海市农业科学院畜牧兽医研究所以死亡生猪作为检测对象，对物料组分及热值进行分析，测试数据详见表 7-1。

表 7-1 物料成分表

名称	符号	单位	数值
碳	C_{ar}	%	15.38
氢	H_{ar}	%	4.62
氧	O_{ar}	%	10.65
氮	N_{ar}	%	2.88
硫	S_{ar}	%	0.10
氯	Cl_{ar}	%	0.02
水	W_{ar}	%	62.50
灰	A_{ar}	%	3.85
低位热值	Q_y	kcal/kg	1910

7.1.2.3 工程污染物控制目标

（1）焚烧炉烟气排放指标满足《生活垃圾焚烧污染控制标准》（GB 18485—2014）、《生活垃圾焚烧大气污染物排放标准》（DB 31/T768—2013）的要求，部分指标达到《固体废物焚烧烟气污染物排放标准》（EU2000/76/EC）的要求。综合处理车间产生的臭气，经收集处理后达到《恶臭污染物排放标准》（GB 14554—93）二级标准中无组织排放限制。

（2）厂区初期雨水、生产废水及生活污水（除粪便外）经三级处理（含消毒）达到《城市污水再生利用工业用水水质》（GB/T 19923—2005）敞开式循环冷却水系统补充水和洗涤用水标准中相较严格的取值，回用于生产环节，不外排环境；粪便废水经化粪池收集处理后由环卫部分清运。

（3）焚烧炉产生的炉渣经收集后，送至生活垃圾填埋场填埋处置；焚烧炉产生的飞灰需进行鉴定，根据鉴定结果，如鉴定为危险废物，则送至崇明危险废物填埋场填埋；如鉴定为一般工业固体废物，则运至崇明生活垃圾填埋场填埋。

7.1.3 工艺流程及系统组成

动物无害化处理站主要由收集储存系统、破碎输送系统、进料系统、焚烧系统、余热利用系统、烟气净化系统等组成。主要工艺流程如图 7-1 所示。

病死动物经专用收集车辆收集后，送至本处理中心，经计量后，送至综合处理车间的卸料间。不能及时处理的卸料至周转箱后运入冷库暂存，能及时处理的卸料至半地下设置的储罐存放，储罐中的物料通过底部设置的螺旋输送机，输送

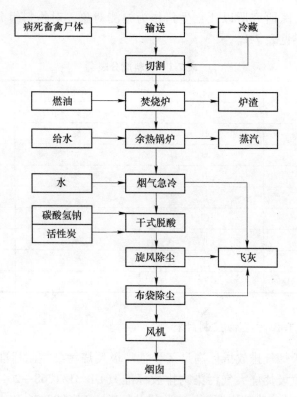

图 7-1　上海某动物无害化处理站主要工艺流程

至切割机进行破碎处理，切割后的物料由输送泵送入回转窑焚烧炉。

　　经切割后的动物尸体，在回转窑内充分氧化、热解、燃烧，燃烧后产生的烟气进入二烧室。二燃室设置辅助燃烧器，配置二次供风装置，使未完全燃烧的可燃性气体得以充分燃烧，并保证二燃室温度达到 850℃ 以上，烟气在二燃室的停留时间大于 2s，抑制了二恶英的产生。物料燃烬后产生的炉渣由专用出渣装置排出。二燃室出口烟气依次进入余热锅炉和急冷塔降温，余热锅炉利用焚烧产生的热量生产蒸汽，用于锅炉给水热力除氧及空气预热。在急冷塔中，水与烟气直接接触并瞬间急剧降温。急冷塔出口烟气经进入干式脱酸烟道，喷入小苏打和活性炭，烟气中的酸性气体与小苏打发生中和作用，活性炭吸附烟气中的重金属，脱酸后的烟气经旋风除尘器去除大部分颗粒物后，进入布袋除尘器进一步降低烟气中粉尘浓度，最后经引风机，通过烟囱达标排放。

　　焚烧炉、烟气净化系统排出的炉渣及飞灰分别收集后，送至综合处理车间内的灰渣间暂存，定期外运至填埋场处理。

　　本项目采用了带切割一体化装置的回转窑式焚烧炉工艺，在整个系统及场所建设方面重点突出了环保与防疫。在满足工艺流程、合理物流的前提下，整个工艺系统集中布置、衔接紧密，切割及进料系统在封闭负压的环境内运行，并且确保切割产生的血水、渗沥液、设备冲洗用水及臭气全部进入焚烧炉焚烧，避免了露天操作可能引起的臭气溢散及各种疫病的传播，满足环保及防疫要求。

7.1.4　工程选址及总平面布置

7.1.4.1　工程选址

动物无害化处理站选址靠近生活垃圾综合处理厂南侧，项目所在地原为林业试验用地，多为树林及荒地，地形较为平坦，地面标高在 3.55～3.87m。西、北两侧是小河道，西侧河流宽 24m；北侧河流宽 32m，河道对岸是生活垃圾综合处理厂；东、南两侧与其他林地相连。工程建设场地属河口、砂嘴、砂岛地貌类型，场地以古河道沉积区为主，场地内土层分布较稳定。场地土的类别属软弱土，抗震设防烈度为 7 度。建筑场地地势较为平坦，虽然存在厚填土、暗浜等不良地质条件，但均可通过适当的措施进行预防和处理。

7.1.4.2　总平面布置

动物无害化处理站场址东西长 200m，南北长 100m，用地面积 20000m²。处理站总图布置充分满足生产工艺流程和运行管理方便的要求，按照功能划分为 3 个区域，分别为管理生活区、防疫隔离区、生产区，分区明确，交通组织顺畅，在满足生产生活需求的同时，合理组织物流，减少人流和物流之间的干扰。各功能分区具体情况如下：

（1）管理生活区。中心入口处设置门卫间，便于集中管理进出中心的人流和物流。管理区处于工程用地主导风向的上风向，辅以景观绿化，能够获得良好的办公环境。管理区主要包括门卫、综合楼、生活楼。

（2）防疫隔离区。管理生活区与生产区之间设置防疫隔离区，防疫隔离区保留原有林地的树种，防疫隔离区设置化验室及更衣消毒间。管理区工作人员进出入生产区必须经过更衣消毒间。

（3）生产区。生产区内各个工艺系统通过场内道路的划分，既相对独立又能形成有机的联系，保证了工艺流线的顺畅。根据各工艺系统，无害化处理站的生产区划分为三个功能子块，具体如下：

1）主要生产区。为综合处理车间。

2）辅助生产区。位于综合处理车间南侧和西侧，主要为污水处理站及变配电站、污水处理构筑物及室外地埋 MBR 一体化污水处理装置、初雨事故池、消防水池及消防泵房、地下油罐。

3）车辆停放区车辆停车场设置在综合处理车间西侧。

上海某动物无害化处理站总平面功能分区图，如图 7-2 所示。上海某动物无害化处理站鸟瞰图如图 7-3 所示。

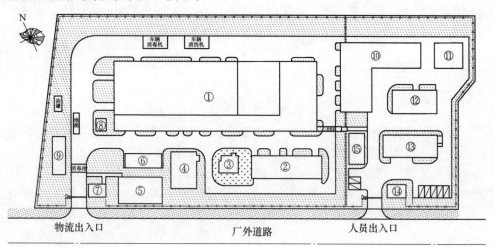

① 综合处理车间　⑤ 消防水池　　⑨ 开关站　　　⑬ 综合楼
② 污水处理车间　⑥ 停车场　　　⑩ 维修车间与物资仓库　⑭ 管理区门卫
③ 污水池　　　　⑦ 生产区门卫　⑪ 检化验间　　⑮ 更衣消毒间
④ 初雨事故池　　⑧ 计量间　　　⑫ 生活楼

图 7-2　上海某动物无害化处理站总平面功能分区图

图 7-3　上海某动物无害化处理站鸟瞰图

7.1.5　关键工艺单元设计

7.1.5.1　收集、储存系统

收集、储存系统由病死禽畜收运系统、卸货系统、储存系统、冷冻系统、周转箱清洗消毒系统组成。

A　病死禽畜收运系统

根据上海动物无害化处理中心十多年实际运行经验，病疫动物均无包装，无害化处理站使用统一配置的专用密封运输车到畜牧场接收尸体，三重密封，确保沿途不滴漏。车辆配置达到国家规定排放标准的发动机，确保排放达到环保要求。运输车辆按规定线路由各收集点运至动物无害化处理中心。转运用周转箱需满足盛装整头牲畜的需要，推荐使用的周转箱尺寸（长×宽×高）为1500mm×1000mm×1000mm，不锈钢材质。畜禽收运由专用密封运输车将病死动物尸体运至无害化处理中心后，暂不处理的先送入冷库冷冻。冷库主要是为后续处理做准备，并可起到削峰填谷的作用。

动物无害化处理中心规划重点突出防疫、环保、耐用。从这个角度出发，进场病死动物进入卸料区后，全部在全封闭负压环境中操作运行。从卸料区及冷库出来的畜禽尸体由叉车搬运至储罐，由螺旋输送机送至切割机，输运过程紧凑、简洁。切割系统在负压封闭的环境内完成，避免了露天操作可能造成的二次污染。

B　卸货系统

综合处理车间一楼设置专门的卸料间，能及时处理的病死禽畜直接卸入半地下式储罐存放；不能及时处理的，运输车辆通过液压尾板系统、液压推板系统将动物尸体卸货至周转箱，由叉车运入冷库暂存，处理时通过叉车转运倒入储罐。空周转箱清洗消毒后循环使用。

C　储存系统

无害化处理中心综合处理车间的卸料间内设置一只半地下式储罐（见图7-4），储罐容量为40m^3，用于接收存储散装、裸装的动物及动物产品，可以存储常温及冷冻产品。储罐为六面体箱式设计，底部为倒梯形结构，储罐设计有两个投料口，侧面开口投料，用于自卸车、厢式车直接投料；顶部留有应急投料口，设计有移动式输送装置，可用于特别产品的投入，所有开口均采用电控液压装置，不需要人工开启。

储罐底部设置螺旋输送机，便于罐内物料输送到后道工序。外壳与螺旋输送机之间装有特种材质碳钢耐磨层，此耐磨层用于保护设备主体罐体，且易于更换。储罐内设计有监控设施，可现场或通过视频观察存储罐内物料的存储情况。

图 7-4 储罐实物图

储罐安装气体收集处理设备，用于收集罐内发酵、发臭气体。

D 冷冻系统

无害化处理中心病害动物常规处理规模为 5t/d，但病死动物产生随着季节、气温的不同而波动，尤其极冷极热天气动物尸体产生量较大。冷冻系统的设置主要考虑三个方面原因：一是当焚烧能力不相适应时，为适应季节性变化、适应热应急和冷应急的需求，起到削峰填谷的作用，使焚烧炉稳定负荷运行；二是考虑到突发动物疫情大量畜禽集中处置的应付能力；同时还考虑到整个焚烧系统的设备除了日常保养外，还需要定期停炉检修，一般安排在低谷期进行。低谷期最长检修期不超过 25d，高峰期最长检修期不超过 10d。

无害化处理中心设置冷库 1 间，面积约 234m²。冷库与焚烧设备交界区域设置两扇可供叉车出入的门。冷冻设备的选用首先要满足工艺需要，其次要购置方便，维修简便。冷库内的冲洗污水经收集处理后，泵送至废水处理站处理。冷库门为防腐型平移门，门宽 2.0m，方便叉车进出。

E 周转箱清洗消毒系统

周转箱经清洗消毒后可重复使用（其使用寿命平均为 1 年）。无害化处理中心对卸空后的周转箱采用高压水枪进行清洗，再经 ClO_2 溶液消毒。消毒后的转运箱应进行每批次的化学指示剂检测，每周用生物指示剂抽查灭菌效果，同时，每季度采用细菌培养法检测消毒灭菌效果。经消毒后的清洁周转箱送入存放间待用。

7.1.5.2 破碎、输送系统

根据上海动物无害化处理中心的运行经验，禽类尸体进入泵送系统后，系统运行稳定、状态良好，故正常运行工况下，所有物料均进入破碎、输送系统。本系统为动物性物料密闭投料系统的输送部分，动物性物料为 50mm 的肉块，并含有大量骨质颗粒、黏度较高的液体（血水等）。系统包括破碎机、预推进螺旋、HM 泵、密闭管道系统等设备，实现动物性物料经破碎后定时定量输送。

A　破碎机

该破碎机专门用于动物副产品业，在废弃物处理前，可用破碎机来缩减小牛、羊、马、猪尸体以及屠宰场的各种内脏及骨料的大小。破碎机可通过调整电动机大小和破碎轴转速，降低运行成本。破碎机的刀片和铁砧均经过硬化处理。

破碎机主要设计参数见表 7-2。

表 7-2　破碎机主要设计参数

主要技术参数	单位	数值
容量	t/h	10~15
铁砧间距	mm	48
功率	kW	30~55
破碎轴	r/min	10~50

B　物料预推进螺旋

该设备能够推进破碎的含大量黏稠液体的动物组织，包括坚硬的动物骨头，不会发生堵塞；用于缓冲物料的进料螺旋输送机，可确保物料输入 HM 泵的稳定性。

C　物料推进设备

物料推进设备为不锈钢输送泵（见图 7-5）；移动零部件仅有 4 个，以减少磨损和更换周期；装配带机械密封的标准轴承；配备出口刀闸阀，直径 250mm。输送泵主要设计参数见表 7-3。

表 7-3　输送泵主要设计参数

主要设计参数	单位	数值
最大理论容量	m^3/h	105
最大推荐转速	r/min	70
理论排量	L/rev	25
轴上的最大推荐扭矩	Nm	7000
重量	kg	550
固体颗粒输送	mm	100
最小推荐管道接口（出口）	NW	250

D　物料输送管道

物料输送管道厚度为 3mm 的不锈钢，直径为 250mm，且安装有保证正常带

图 7-5　输送泵实物图

料输送重量的管道架。配备管道自动恒温加热装置，可以均匀加热管道内的物料，以保证冷冻产品的正常运送；配备自动滑闸阀和刀阀闸，直径 25mm，用于启闭主管道，分管道，刀闸阀及滑阀闸的数量为 8 个。配备清洁装置，设计使用压缩空气清洁全部主管道及分管道；为了保证清洁效果（90% 以上清洁），在主管道和分管道每隔 7~12m 的间距，设计单独的清洁环。清洁环配备必须的法兰和相关的阀门，被清洁的管道包括连接从泵至焚烧炉全部的主管道及分管道。配备电气控制面板（含 PLC），可实现动物性物料在恒温条件下定时定量输送，满足无害化处理车间的进料需求。

7. 1. 5. 3　进料系统

动物无害化中心设置两个进料系统，分别为泵送系统和备用进料系统。

A　泵送系统

储罐中的物料经切割机破碎处理后，由专用输送泵将物料泵入焚烧炉进行焚烧。

B　备用进料系统

备用进料系统主要包括：提升机、进料料斗、溜槽、闸板门、推料机等。

备用进料主要技术参数如下：

提升机：提升高度 12m，提升质量 550kg；

料斗：上口尺寸 3000mm×3000mm，下口尺寸 1000mm×1000mm；

溜槽：平面尺寸 1000mm×1000mm。

7. 1. 5. 4　焚烧系统

焚烧系统主要包含回转窑单元、二燃室单元和助燃空气单元。

A　回转窑

内径：1800mm；

长度：13m；

斜度：1.5%；

设计转速：0.1～1.0r/min；

材质：Q245R。

B 二燃室

本体高度：10000mm；

本体直径：3200mm；

壳体外表面温度：约210℃；

壳体保温外表面温度：45℃；

筒体材质：Q235B。

C 辅助燃烧系统

燃烧器燃烧量：轻柴油 50～150kg/h，共设置两只燃烧器，可两段调节。

7.1.5.5 余热利用系统

余热利用系统主要包括余热锅炉、余热锅炉水循环单元和余热锅炉辅助设备。系统主体为余热锅炉，采用膜式水冷壁蒸汽锅炉。余热锅炉主要技术参数如下：

额定蒸发量：1.0t/h；

蒸汽参数：1.0MPa/184℃；

给水温度：104℃；

入口烟气温度：850℃；

排烟温度：500～550℃（按550℃设计）；

排污率：3%。

7.1.5.6 烟气净化系统

为确保烟气达标排放，动物无害化处理中心焚烧烟气净化工艺采用"烟气急冷+干法脱酸（含活性炭吸附）+旋风除尘+布袋除尘"的烟气净化工艺。

A 急冷塔

烟气入口温度：550℃；

烟气出口温度：200℃；

急冷时间：小于1s；

喷嘴型式：双流体。

B 干式脱酸

烟气入口温度：200℃；

小苏打仓容积：3m³；

小苏打输送能力：1.2~15.0kg/h；

活性炭仓容积：1.5m^3；

活性炭输送能力：1.2~2.4kg/h。

C　旋风除尘器

烟气入口温度：180℃；

设备阻力：不大于1000Pa。

D　布袋除尘器

阻力：小于1500Pa；

过滤面积：200m^2；

壳体的耐压能力：不大于6000Pa；

正常压力下壳体漏风率：≤2%；

除尘效率：大于99.9%；

除尘器的钢结构设计温度：200℃。

E　排烟系统

排烟系统主要由引风机及烟囱组成。

引风机主要工艺参数如下：

风量（标态）：8700m^3/h；

全压：5500Pa；

入口温度：165℃；

风机材质：叶轮组317，机壳组Q235，内衬玻璃鳞片防腐。

烟囱主要工艺参数如下：

烟气量（标态）：8700m^3/h；

进口温度：160℃；

出口温度：140℃；

出口内径：1200mm；

高度：35000mm。

7.1.6　投资估算

本项目建设总投资约7700万元，折合吨投资近40万元。运行成本若按照处理规模20t/d，单位运行成本为2000元/吨，单位处理成本为2500元/吨。

7.2　重庆某动物无害化中心

7.2.1　项目背景

2012年4月发布的《农业部关于进一步加强病死动物无害化处理监管工作

的通知》与 2013 年 10 月发布的《全国建立病死猪无害化处理长效机制试点方案》中指出，以科学发展观为指导，深刻认识到病死动物无害化处理工作是政府公共服务的重要组成部分，是公益性事业，需要用改革的办法解决问题，探索有效地无害化处理方法，建立病死猪无害化处理财政奖补机制。按照"政府主导、市场运作、统筹规划、因地制宜、财政补贴、保险联动"的原则，开展病死猪无害化处理长效机制。防止随意丢弃病死猪污染环境，防止病死猪流向餐桌引起食品安全事件发生，防止病死猪传播动物疫病，保障动物原性食品安全和畜牧业健康发展的同时，达到资源再利用的目的。

为尽快建立病死猪无害化处理长效机制，有效防控重大动物病疫，确保动物产品质量安全，重庆市农业委员会出台了《关于建立病死猪无害化处理长效机制试点工作方案》渝农发〔2014〕5 号，选择忠县、黔江区、合川区、荣昌县以及位于都市功能核心区的重庆市动物无害化处理场作为试点，形成"4+1"试点区域布局，开展不同地域环境、不同经济水平、不同养殖水平、不同市场流通情况下的病死猪无害化处理长效机制试点工作，为全市提供病死猪无害化处理的经验和样板。在此背景下，本动物无害化中心项目得以落地实施。

7.2.2 工程概况

7.2.2.1 工程建设规模

本工程建设规模为 5t/d，配置生产线 1 条，设备处理能力为 5 吨/次，日处理一批次，年处理病死猪 1800t。畜禽死亡率高发季节，通过增加日处理批次，调整日处理量。

7.2.2.2 工程处理对象

本工程处理对象为口蹄疫、猪水泡病、猪瘟、非洲猪瘟、非洲马瘟、牛瘟、牛传染性胸膜肺炎、牛海绵状脑病、痒病、绵羊梅迪/维斯那病、蓝舌病、小反刍兽疫、绵羊痘和山羊痘、高致病性禽流感、鸡新城疫、炭疽、鼻疽、狂犬病、羊快疫、羊肠毒血症、肉毒梭菌中毒症、羊猝狙、马传染性贫血病、猪密螺旋体痢疾、猪囊尾蚴、急性猪丹毒、钩端螺旋体病（已黄染肉尸）、布鲁氏菌病、结核病、鸭瘟、兔病毒性出血症、野兔热的染疫动物，以及其他严重危害人畜健康的病害动物及其产品。除上述染疫动物，还可处理病变严重、肌肉发生退行性变化的动物的整个尸体或胴体、内脏。

7.2.3 工艺流程及系统组成

湿法化制系统主要包括进料系统、湿法化制机、破碎机、油水分离等，工艺流程如图 7-6 所示。

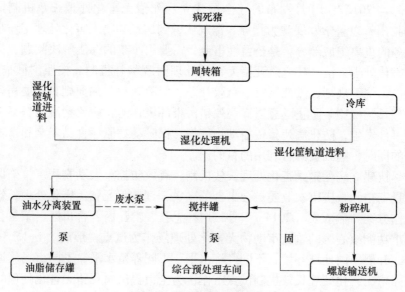

图 7-6　湿法化制工艺流程图

（1）病死动物及其产品由专用封闭运输车送至无害化处理中心。

（2）用叉车进行卸货，需及时处理的直接装入湿化筐进行处理，暂时不处理的装入周转箱后，送至冷库存放。

（3）封闭式运输车卸货后，驶入车用消毒通道，进行车厢内部、车体及周转箱的消毒处理，消毒后离开厂区。

（4）叉车将冷库中的周转箱转移至进料区，通过自动提升上料机装入湿化筐，罐门开启，自动伸缩架与导轨连接，用智能输送设备将湿化筐沿轨道送入高温高压灭菌湿化机内，牵引机退回原位，自动伸缩架退出，打开锅门关闭系统，启动化制程序。

（5）开启负压真空站，抽出空气经过滤器消毒处理，开启蒸汽阀门，使蒸汽迅速进入罐内对动物尸体进行湿化处理。根据处理的种类和数量分别进行 240~480min 的高温高压灭菌处理（温度在 160~190℃），对处理物彻底灭菌。

（6）达到湿化灭菌效果后，根据工艺程序开启排气阀把余气排入冷凝器，排气阀关闭后，出油阀自动开启，将油水混合物排入高温精炼一次油水分离设备中。一次油水分离器使油水物理分离后达到一定效果后，把废水排入搅拌罐中，然后开启高温加热系统使油精炼，用输油泵将油排入加热式储油罐内，使油再次达到精炼存放。

（7）化制机内部工作完毕后，排气系统自动关闭，锅门上方排气口自动开启。开启锅门系统，打开自动伸缩架与道轨连接，智能牵引机开启，自动吸合，将装有处理物的湿化筐送入提升系统，开启进料仓，提升系统将处理物倒入进料仓，倒完料的湿化筐依次进入清洗区进行清洗、消毒处理，处理后再装料进入下一次工作。

（8）关闭进料仓，物料在低转速、高扭矩剪切力的破碎机中均匀粉碎至 1~3cm 大小颗粒。破碎后的固体残渣经螺旋输送机卸入搅拌罐，定期泵送至厌氧消化均质池。

7.2.4 车间布置

动物无害化中心设置动物无害化处理车间 1 座，平面尺寸为 43.5m×15m，车间净高 7m。车间由工艺设备区、冷库及辅助功能用房组成，车间左侧布置冷库，右侧布置配电控制室、更衣间及人员消毒间，并在厂房西侧布置车辆消毒装置。湿法化制动物无害化处理车间见图 7-7。

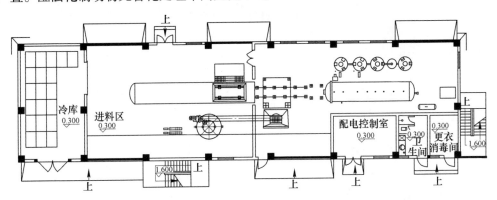

图 7-7　湿法化制动物无害化处理车间

7.2.5 主要工艺设备参数

湿法化制动物无害化处理主要设备包括自动提升上料机、进料导轨、湿化机、破碎机、螺旋输送机、搅拌罐、输送泵、油水分离罐等。湿化处理设备实物图如图 7-8。

7.2.5.1 自动提升上料机

载重量：2t；
功率：$N=4kW$。

7.2.5.2 破碎机

处理能力：1~5t/h；
主轴转速：30r/min；

图 7.8　湿化处理设备实物图

最大扭距：2000n；

功率：$N=7.5\text{kW}$。

7.2.5.3　高温化制设备

处理能力：5t/次；

规格：$\phi1800\times7500$；

处理周期：240~480min；

工作压力：0.8~1.2MPa；

工作温度：160~190℃；

灭菌指数达：log6 欧美标准（99.9999%）；

功率：$N=11.5\text{kW}$。

参 考 文 献

［1］ 曹伟华，孙晓杰，赵由才．污泥处理与资源化应用实例［M］．北京：冶金工业出版社，2010.

［2］ 郭洋，蓝建中．发达国家处理死亡动物的方法［J］．农业知识：科学养殖，2013（7）：17～18.

［3］ 麻觉文，洪晓文，吴朝芳，等．我国病死动物无害化处理技术现状与发展趋势［J］．猪业科学，2014（10）：90～91.

［4］ 宋建德，等．有关国家常用病死动物无害化处理方法应用情况研究［J］．中国动物检疫，2013，30（9）：11～15.

［5］ 蒋微微．病死动物无害化处理过程中的"三废"治理［J］．农业环境与发展，2013，30（3）：57～59.

［6］ 曹哲，等．病死动物无害化处理技术与可追溯系统实现初探［J］．家畜生态学报，2017，38（4）：79～85.

［7］ 潘金林，薛玲玲，彭乃木．浙江瑞安市对无害化处理技术的选择［J］．中国动物检疫，2014，31（8）：41～42.

［8］ 王邓惠．浅谈病死动物焚烧及烟气处理技术［J］．广东化工，2016，43（23）：90～91.

［9］ 刘铁男 等．FSLN-A 大型病害动物焚烧炉的研制与开发［J］．中国动物检疫，2006，23（11）：16～18.

［10］ 卢韬，等．ABR 处理疫病动物废水的启动驯化研究［J］．中国给水排水，2013，29（9）：72～76.

［11］ Das，K. Co-composting of alkaline tissue digester effluent with yard trimmings［J］. Waste Management，2008，28（10）：1785～1790.

［12］ 卢韬．厌氧折流板反应器（ABR）处理疫病动物废水的特性研究［D］．华南理工大学，2013.

［13］ 李冬昱．零价铁异相芬顿法提高疫病动物废水处理尾水可生化性研究［D］．华南理工大学，2016.

［14］ 王书杰．UASB-SBR 组合工艺处理疫病动物废水的实验研究［D］．华南理工大学，2013.

［15］ 全勇．动物无害化处理场（点）建设的技术因素［J］．中国动物检疫，2013（7）：18～19.

［16］ 张利叶，吴云鹏．市政工程施工中的环境保护措施分析［J］．资源节约与环保，2015（3）：244～245.

［17］ 张辰，李春光．污水处理厂改扩建设计［M］.2 版．北京：中国建筑工业出版社，2015.

［18］ 续彦龙，等．堆肥法无害化处理染疫动物尸体的研究进展［J］．畜牧与兽医，2015，47（4）：38～40.

［19］ 陶秀萍．畜禽尸体堆肥无害化处理技术现状［J］．现代畜牧兽医，2014（7）：25～29.

［20］ 章伟建．动物无害化处理实用指南［M］．上海：上海科学技术出版社，2016.

［21］ 章伟建．关于动物无害化集中处理场所建设运营情况的调研［J］．中国动物检疫，2016，33（10）：31～33.